精品蔬菜生产技术丛书

瓜类精品蔬菜

（第二版）

马志虎　孙国胜　张建文　编著

江苏凤凰科学技术出版社 · 南京

图书在版编目（CIP）数据

瓜类精品蔬菜 / 马志虎等编著. — 2版. — 南京：江苏凤凰科学技术出版社, 2023.3

（精品蔬菜生产技术丛书）

ISBN 978-7-5713-3039-2

Ⅰ. ①瓜… Ⅱ. ①马… Ⅲ. ①瓜类蔬菜－蔬菜园艺 Ⅳ. ①S642

中国版本图书馆CIP数据核字(2022)第124266号

精品蔬菜生产技术丛书

瓜类精品蔬菜

编　　著　马志虎　孙国胜　张建文
责任编辑　严　琪　张小平
责任校对　仲　敏
责任监制　刘文洋

出版发行　江苏凤凰科学技术出版社
出版社地址　南京市湖南路1号A楼，邮编：210009
出版社网址　http://www.pspress.cn
照　　排　江苏凤凰制版有限公司
印　　刷　南京新世纪联盟印务有限公司

开　　本　880 mm × 1 240 mm　1/32
印　　张　5
字　　数　120 000
版　　次　2023年3月第2版
印　　次　2023年3月第1次印刷

标准书号　ISBN 978-7-5713-3039-2
定　　价　30.00元

图书如有印装质量问题，可随时向我社印务部调换。

致读者

社会主义的根本任务是发展生产力，而社会生产力的发展必须依靠科学技术。当今世界已进入新科技革命的时代，科学技术的进步已成为经济发展，社会进步和国家富强的决定因素，也是实现我国社会主义现代化的关键。

科技出版工作肩负着促进科技进步，推动科学技术转化为生产力的历史使命。为了更好地贯彻党中央提出的“把经济建设转到依靠科技进步和提高劳动者素质的轨道上来”的战略决策，进一步落实中共江苏省委，江苏省人民政府作出的“科教兴省”的决定，江苏凤凰科学技术出版社有限公司(原江苏科学技术出版社)于1988年倡议筹建江苏省科技著作出版基金。在江苏省人民政府、江苏省委宣传部、江苏省科学技术厅(原江苏省科学技术委员会)、江苏省新闻出版局负责同志和有关单位的大力支持下，经江苏省人民政府批准，由江苏省科学技术厅(原江苏省科学技术委员会)、凤凰出版传媒集团(原江苏省出版总社)和江苏凤凰科学技术出版社有限公司(原江苏科学技术出版社)共同筹集,于1990年正式建立了“江苏省金陵科技著作出版基金”，用于资助自然科学范围内符合条件的优秀科技著作的出版。

我们希望江苏省金陵科技著作出版基金的持续运作,能为优秀科技著作在江苏省及时出版创造条件，并通过出版工作这一平台，落实“科教兴省”战略，充分发挥科学技术作为第一生产力的作用，为全面建成更高水平的小康社会、为江苏的“两个率先”宏伟目标早日实现，促进科技出版事业的发展，促进经济社会的进步与繁荣做出贡献。建立出版基金是社会主义出版工作在改革发展中新的发展机制和新的模式，期待得到各方面的热情扶持，更希望通过多种途径不断扩大。我们也将在实践中不断总结经验，使基金工作逐步完善，让更多优秀科技著作的出版能得到基金的支持和帮助。这批获得江苏省金陵科技著作出版基金资助的科技著作，还得到了参加项目评审工作的专家、学者的大力支持。对他们的辛勤工作，在此一并表示衷心感谢！

江苏省金陵科技著作出版基金管理委员会

“精品蔬菜生产技术丛书”编委会

序（第一版）

蔬菜是人们日常生活中不可缺少的副食品。随着人民生活质量的不断提高及健康意识的增强，人们对“无公害蔬菜”“绿色蔬菜”“有机蔬菜”需求迫切，极大地促进了我国蔬菜产业的迅速发展。2002年全国蔬菜播种面积达1 970万公顷，总产量60 331万吨，人均年占有量480千克，是世界人均年占有量的3倍多；蔬菜总产值在种植业中仅次于粮食，位居第二，年出口创汇26.3亿美元。蔬菜已经成为农民致富、农业增收、农产品创汇中的支柱产业。

今后发展蔬菜生产的根本出路在于发展外贸型蔬菜，参与国际竞争。因此，蔬菜生产必须增加花色品种，提高蔬菜品质，重视蔬菜生产中的安全卫生标准，发展蔬菜贮藏、加工、包装、运输。以企业为龙头，发展精品蔬菜，以适应外贸出口及国内市场竞争的需要。

为了适应农业产业结构的调整，发展精品蔬菜，并提高蔬菜质量，南京农业大学和江苏科学技术出版社共同组织园艺学院、江苏省农业科学院、南京市农林局、南京市蔬菜科学研究所、金陵科技学院、苏州农业职业技术学院、苏州市蔬菜研究所、常州市蔬菜研究所、连云港市蔬菜研究所等单位的专家、教授编写了“精品蔬菜生产技术丛书”。丛书共11册，收录了100多种品质优良、营养丰富、附加值高的名特优新蔬菜品种，介绍了优质、高产、高效、安全生产关键技术。本丛书深入浅出，通俗易懂，指导性、实用性强，既可以作为农村科技人员的培训教材，也是一套有价值的教学参考书，更是广大基层蔬菜技术推广人员和菜农的生产实践指南。

侯喜林

2004年8月

序（第二版）

蔬菜是人们膳食结构中极为重要的组成部分，中国人尤其喜食新鲜蔬菜。从营养学的角度看，蔬菜的营养功能主要是供给人体所必需的多种维生素、膳食纤维、矿物质、酶以及一部分热能和蛋白质；还能帮助消化、改善血液循环等。它还有一项重要的功能是调节人体酸碱平衡、增强机体免疫力，这一功能是其他食物难以替代的。健康人的体液应该呈弱碱性，pH值为7.35~7.45。蔬菜，尤其是绿叶蔬菜都属于碱性食物，可以中和人体内大量的酸性食物，如肉类、淀粉类食物。建议成人每天食用优质蔬菜300克以上。

我国既是蔬菜生产大国，又是蔬菜消费大国，蔬菜的种植面积和产量均呈上升态势。2021年，我国蔬菜种植面积约3.28亿亩，产量约为7.67亿吨。随着人们对健康生活的重视，对于绿色、有机蔬菜的需求日益增加，蔬菜在保障市场供应、促进农业结构的调整、优化居民的饮食结构、增加农民收入、提高人民生活水平等方面发挥了重要作用。

蔬菜生产是保障市场稳定供应的基础。具有规模蔬菜种植基地的家庭农场（含个体生产经营者）、农民专业合作社、生产经营企业等，是蔬菜生产的基本单元，也是蔬菜产业的基础和源头。因此，蔬菜生产必须增加花色品种，提高蔬菜品质，注重生产过程中的安全卫生标准，同时加强蔬菜储存、加工、包装和运输。在优势产区和大中城市郊区，重点加强菜地基础设施建设，着重于品种选育、集约化育苗、田头预冷等关键环节，加大科技创新和推广力度，健全生产信息监测体系，壮大农民专业合作组织，促进蔬菜生产发展，提高综合生产能力。

“精品蔬菜生产技术丛书”自2004年12月出版以来，深受市场欢迎，历经多次重印，且被教育部评为高等学校科学研究优秀成果奖科学技术进步奖(科普类)二等奖。为了适应农业产业结构的调整，发展精品蔬菜，并提高蔬菜产品质量，满足广大读者需求，南京农业大学和江苏凤凰科学技术出版社共同组织江苏省农业科学院、南京市蔬菜科学研究所、苏州农业职业技术学院等单位的专家对“精品蔬菜生产技术丛书”进行再版。丛书第二版共11册，收录了100多种品质优良、营养丰富、附加值高的名特优新蔬菜品种，介绍了优质、高产、高效、安全生产关键技术。本丛书语言简明通俗，兼具实用性和指导性，既可以作为农村科技人员的培训教材，也是一套有价值的教学参考书，更是广大基层蔬菜技术推广人员和菜农的生产实践指南。

农业农村部华东地区园艺作物生物学与种质创制重点实验室主任
园艺作物种质创新与利用教育部工程研究中心主任
南京农业大学“钟山学者计划”特聘教授、博士生导师
蔬菜学国家重点学科带头人

侯喜林
2022年10月

前言

瓜类蔬菜种类较多，分属于葫芦科的9个属，为一年生或多年生草本植物。由于葫芦科作物的遗传及受粉特点，形成了较多的变异类型，是蔬菜作物品种类型较丰富的1个科。瓜类蔬菜在生长发育上又有其共同特点：根系易木栓化、多数茎蔓生、多数种类为雌雄同株异花、虫媒花、易自然杂交、喜日照时数多和较强的光照度、以果实为产品、具有共同的病虫害等。因此，其栽培技术基本相近，需直播或营养钵育苗，支架栽培或爬地栽培，低温短日照可促进雌花的分化和形成。温度管理上，整个生长周期要求较高的温度和较大的昼夜温差，与非瓜类作物实行3年以上轮作，施肥上必须配施适量磷肥、钾肥。瓜类蔬菜主要以食用果实为目的，其中西瓜和甜瓜的成熟果实被食用，冬瓜和南瓜的嫩果和成熟果实均可被食用，其他瓜类蔬菜主要食用其嫩果。瓜类蔬菜多含有大量水分、蛋白质、糖类及各种维生素和矿质元素，营养丰富。露地结合设施栽培，可周年供应，经济效益显著。

此次《瓜类精品蔬菜》的修订再版，在品种介绍上主要重点围绕近年来在瓜类生产上易于被农户接受、市场欢迎、经济效益和社会效益显著的一些瓜类新品种。瓜类蔬菜依据其生物学特性，大多数品种适宜保护地栽培，且产量高，品质好，因此本书在栽培技术方面侧重瓜类蔬菜保护地栽培技术的介绍，并重点介绍了一些新栽培技术，如“甜瓜地膜全覆盖早熟栽培技术”“西瓜全覆盖栽培技术”等。在病虫害防治上强调“防病”的重要性，在生产安全产品的同时，注重环境保护和农业可持续发展。

《瓜类精品蔬菜》（第二版）以实践性、可操作性为主，在介绍品种的同时，在技术上本着读者易学、易掌握的特点，系统阐述了黄瓜、印度南瓜、西葫芦、观赏南瓜、金丝瓜、佛手瓜、丝瓜、苦瓜、节瓜、西瓜、厚皮甜瓜、薄皮甜瓜等12种各具特色的精品瓜类在不同季节、不同设施条件下的栽培技术、病虫害综合防治技术和采收、分级包装及简易贮藏等技术。结合近年来瓜类蔬菜的发展变化，在再版修订中删去蛇瓜章节，增加了观赏南瓜、薄皮甜瓜两个章节，对《瓜类精品蔬菜》（第一版）迷你西瓜章节内容进行了扩充，更名为西瓜。

农业农村部办公厅印发的《农业生产“三品一标”提升行动实施方案》，将“品种培优、品质提升、品牌打造和标准化生产”全面纳入了推进乡村振兴、加快农业农村现代化的重要内容。这些要求，使得农业生产中农产品标准化的重要性得以突显。蔬菜标准化的实行，首先是以蔬菜质量标准为先行，2018年7月于山东寿光设立的全国蔬菜质量标准中心就是一个由蔬菜质量标准研究中心、蔬菜国际标准合作中心、蔬菜质量标准检测中心、蔬菜质量标准服务中心等构成的蔬菜质量实施标准化研究的中心。

我国各地气候多样、品种差异大、需求各不相同，瓜类蔬菜品种多样性也导致了标准化实行难度和统一标准可行性受到很大制约，同时由于农业农村土地集约化生产发展也在逐步进行，这也使得标准化生产和标准的制定有了发展空间和余地。《瓜类精品蔬菜》（第二版）在农业实践的基础上，注重瓜类生产标准化，在推行适应性广的品种、设施相对统一、生产过程实际可控方面，积极做好一些基础性工作。近年来，各类蔬菜的生产技术规程、国家标准、行业标准及地方标准研制工作正如火如荼地展开，一些国家标准计划也正式下达，其中黄瓜农业行业标准——《日光温室全产业链管理技术规范 黄瓜》（NY/T 3745—2020）获农业农村部发布，该标准的发布将极大地推动蔬菜产业标准化、优质化、品牌化，服务全国蔬菜产业高质量发展。

全书以大量的图片配合文字，增加可读性，既在品种知识介绍方面通俗易懂，又在栽培专业方面科学严谨，适合不同读者群体。在本书撰写过程中，考虑不同读者的需求，各个章节自成体系，读者可根据需要选择阅读。本书适用于广大菜农、基层农业科技人员和农业院校师生参考。

由于编写水平有限，错误和不足之处在所难免，敬请批评指正。

马志虎

2022年12月

目 录

一、黄瓜

黄瓜（*Cucumis sativus*）属葫芦科（Cucurbitaceae）黄瓜属（*Cucumis*）中幼果具刺的栽培种，一年生攀援草本植物（图 1-1）。别名胡瓜、青瓜、刺瓜。

《本草衍义》中名胡瓜。《拾遗录》中改为黄瓜。分布世界各地，原产于印度，我国栽培黄瓜始于 2 000 多年前，栽培历史十分悠久，栽培普遍。

图 1-1　黄瓜

（一）生物学特性

黄瓜为一年生浅根性草本植物，根细弱，吸收力差，木栓化较早，再生力差，根群主要分布于 20 ~ 30 厘米的耕层内，对土、肥、水、气等自然环境选择严格。茎无限生长，分枝多，具 4 ~ 5 棱，表皮有刺毛，双韧维管束 6 ~ 8 条，厚角组织及木质部均不发达。子叶对生，长椭圆形；真叶互生，五角掌状，深绿色，被茸毛。花为退化型单性花，雌雄同株，腋生，虫媒花为主，也可单性结实；雄花簇生，萼冠均钟状 5 裂，冠黄色，3 雄蕊；雌花单生，子房下位，花柱短，柱头 3 裂（图 1–2）。果实假果，形状、大小、色泽等因品种而异，由子房与花托合并发育而来，具瘤刺或棱或光滑；侧膜胎座，每个胎座着生 2 列种子。种子披针形，扁平，黄白色；每果有种子 150 ~ 400 粒；千粒重 22 ~ 42 克；发芽力一般能保持 4 ~ 5 年。

图 1–2　黄瓜雌花和雄花

黄瓜属典型喜温作物。种子发芽适温为 28 ~ 32 ℃，黄瓜的适宜生长温度为 15 ~ 32 ℃，10 ~ 13 ℃时停止生长，0 ~ 1 ℃时受冻害。32 ℃以上时呼吸量增大，光合效率降低。黄瓜为短日照植物，但大多数品种对日照要求不严格。黄瓜对土壤水分条件的要求较严格。喜湿润，因黄瓜叶片大而多，蒸腾作用强，所以生长期间需要供给充足的水分，保持一定的土壤、空气湿度，但根系不耐缺氧，也不耐高浓度的土壤营养。土壤 pH 值以 5.5 ~ 7.2 为宜。生长期长，需肥量大，以基肥为主，生长期间应多次追肥。

（二）类型与品种

黄瓜品种资源十分丰富，根据对自然生态环境的适应性、品种分布区域及其生态学性状分下列类型：南亚型黄瓜、华南型黄瓜、华北型黄瓜、欧美型露地黄瓜、北欧型温室黄瓜、小型黄瓜。中国栽培黄瓜的主要类型有：华北型，主要分布于长江以北各省；华南型，主要分布于东南沿海各省；英国温室型、欧美凉拌生食型和酸渍加工型。按照适宜不同栽培方式的品种分为早熟、露地、温室专用 3 种类型。依形状和色泽分为有刺、少刺、光皮、迷你、绿皮、白皮等类型（图 1–3）。

长条形有刺

绿短棒形

白短棒形

鸭蛋形

短棒形带刺青瓜

白黄瓜

图 1-3　形态各异的黄瓜

1. 设施专用类型

（1）津优 35 号　天津科润黄瓜研究所育成。黄瓜植株生长势较强，单性结实能力强，瓜条生长速度快。早熟性好，生长后期主蔓掐尖后侧枝兼具结瓜性且一般自封顶。瓜条顺直，皮色深绿、光泽度好，瓜把小于瓜长 1/7，心腔小于瓜横径 1/2，刺密、无棱、瘤小，腰瓜长 33 ~ 34 厘米，单瓜重 200 克左右，果肉淡绿色，肉质甜脆，商品性极佳。

（2）津绿 1 号　天津市绿丰园艺新技术开发有限公司育成的杂交一代。瓜条顺直，长 35 厘米左右，瓜深绿色，刺瘤明显，瓜把短，果肉浅绿色。适宜大小棚栽培。

（3）津优36号　天津科润黄瓜研究所育成。植株生长势强，早熟，瓜条顺直，皮色深绿、有光泽，瓜把短，心腔小，刺瘤适中，腰瓜长32厘米左右，畸形瓜率低，单瓜重200克左右，适宜温室越冬茬及早春茬栽培。

（4）中农207　中国农业科学院蔬菜花卉研究所最新育成的适宜春季保护地栽培的抗病、优质、丰产的全雌型黄瓜一代杂种。属于保护地专用品种。植株无限生长，生长势强，生长速度快，主蔓结瓜，瓜棒形，皮色深绿，刺瘤细密中等，瓜长约30厘米，单瓜重150 ~ 200克，品质脆嫩，味微甜。

2. 水果黄瓜

绿皮水果黄瓜和白皮水果黄瓜见图1–4。

绿皮水果黄瓜

白皮水果黄瓜

图1–4　水果黄瓜

（1）津美 3 号　该品种植株生长势强，茎粗壮，叶色深绿，全雌、单性结实能力强。瓜长 13 ~ 15 厘米，果面光滑，果色亮绿，种腔小，果实清香可口。连续结瓜能力强，适合于越冬和早春日光温室栽培。

（2）京研迷你 1 号　北京京研益农种苗技术中心育成。生长势强，植株全雌，节节有瓜。瓜长 10 厘米，无刺光滑、味甜。适宜越冬温室栽培及春大棚栽培，为保护地专用品种。

（3）京乐 2 号　北京农禾蔬菜研究中心育成。植株生长势较强，全雌性，主侧蔓结瓜，一节多瓜，果实表面深绿色，带棱，光滑无刺，有光泽。瓜长 13 ~ 15 厘米，横径 2.5 厘米。单瓜重 60 ~ 70 克。肉质脆嫩，适合保护地栽培，果实主要用于鲜食。

（4）荷兰黄瓜　从荷兰进口的新一代杂交种。瓜长 12 ~ 15 厘米，粗 3 厘米，绿色，无刺，肉厚，腔小，耐运输，植株长势旺，节间短，每节可坐多个瓜，抗病、高产，属冬、春、秋季保护地高效益品种。

（三）栽培技术

1. 播种与育苗

黄瓜的适宜播种期在各地应根据不同栽培方式、栽培季节而确定。晚春露地及夏秋栽培黄瓜可适时直播。其他季节栽培黄瓜都以育苗后定植为主。由于各地的土壤、气候条件差异很大，播种期必须以当地黄瓜不同栽培方式的适宜定植期来确定。

（1）穴盘基质育苗　穴盘基质育苗技术是 20 世纪 80 年代以来国内外得到迅速发展的育苗新技术（图 1–5）。与营养钵育苗比较（图 1-6），省工、省力、省种，便于包装运输。定植后缓苗迅速、生长速度快。既可在现代化大型温室内采用从播种到成苗完全自动化的育苗设施进行规模化、集约化育苗，也可利用现有的改良日光温室和单体大棚花少量投资，购置穴盘和无土基质就可进行小规模育苗。成本较低，操作简单。

穴盘基质育苗的苗床设置与营养钵育苗基本一致，瓜类育苗均以 50 孔穴盘为主，质量好的穴盘使用次数可达 10 次以上。

育苗基质可因地制宜，就地取材。目前应用最广的是草炭、蛭石基质，其他如苇末、菇渣、稻壳、中药渣、秸秆等有机物，经高温堆制、发酵后都能使用，以购买成品无土基质为宜。

穴盘基质育苗以直播为主，不仅省工、省力，还可以避免子叶期移苗遇连续阴雨低温出现的倒苗现象。有种子包衣的黄瓜种

图 1-5　穴盘基质育苗

图 1-6　黄瓜营养钵轻基质育苗

子可以直接播种。对于未经处理的种子，应首先用 55 ℃温水浸种 10 ~ 15 分钟，不停搅拌至 30 ℃左右，再用清水浸种 1 ~ 2 小时，然后捞出种子用湿毛巾包好，置于 30 ℃温度下，催芽 20 ~ 24 小时，待 60% ~ 70% 种子破口露白，就可以直接播入穴盘内，每穴播 1 粒。

穴盘基质育苗温度管理与营养钵育苗基本相同，肥水管理则有所不同。因基质的空隙度大于营养土，且基质体积很小，随着温度和苗龄的变化，基质水分蒸发量大，需随时补充水分，尤其在夏秋季育苗每天都需补充水分。为确保秧苗的正常生长，补充水分应以前期少浇、中后期多浇、晴天多浇、阴雨天不浇或少浇为原则。在定植前 2 ~ 3 天只要植株叶片不萎蔫，就可以停止补水，以减少定植时脱苗出现的基质松散伤根。

营养液补充根据秧苗长势、苗质而确定。一般在二叶一心后用0.3%硫酸钾型三元复合肥溶液补充，每10天1次。

黄瓜在冬、春季育苗时，只要管理技术正确，就不会出现徒长，而夏、秋季高温期间育苗，极易产生子叶苗徒长而引起的高脚苗，因此夏、秋季在大棚内育苗除遮阳降温、加大通风量外，还需应用化学调控技术才能有效抑制徒长趋势。据笔者多次试验认为，以100毫克/升浓度的多效唑浸种1小时，清水冲洗干净后再播种，完全可以达到抑制从出苗到子叶期下胚轴伸长现象，而且滞后效应明显，有利于秧苗的中后期正常生长。多效唑浓度太低，效果不明显；浓度太高，子叶不舒展，叶缘卷曲或皱缩，甚至死苗。

（2）嫁接育苗　保护地栽培连作、重茬现象严重，尤其是常年性菜田，即使换茬，间隔时间也很短，枯萎病、蔓枯病、疫病等土传病害会严重发生。在现有条件下，嫁接是防止土传病害的有效方法。同时嫁接苗用根系发达、肥水吸收能力强、生长势旺的云南黑籽南瓜、日本黑籽南瓜做砧木；用抗病能力强的优良黄瓜品种做接穗，可显著提高黄瓜的抗逆性、抗病性和产量。在北方改良日光温室和其他地区现代化大型连栋温室内生育期长达9～10个月的冬、春茬栽培黄瓜，普遍应用嫁接育苗技术。

播种期，根据不同的嫁接方法，黑籽南瓜砧木与黄瓜接穗应错开播种期。采用插接法，砧木比黄瓜接穗应早播3～5天；采用靠接法，砧木比接穗晚播5～7天。

播种时，采用靠接法的砧木与接穗均可播于育苗床和育苗盘内，若利用无土基质，则根系发达，取苗方便，嫁接时移入营养钵或穴盘无土基质内。采用插接法时，砧木直接播于营养钵和穴盘无土基质内，接穗播于育苗床或育苗盘内。播种方法与播种后至嫁接时的苗床管理技术和黄瓜营养钵育苗相同。

嫁接工具主要有双面刀片、小竹签、嫁接专用夹等，嫁接前对所用工具均用 70% 酒精消毒。嫁接可直接在经消毒过的温室、育苗棚内操作。

插接时，当砧木南瓜幼苗第 1 片真叶有 2 厘米大小，接穗黄瓜子叶平展时为嫁接适期。此时将南瓜的真叶和生长点用双面刀片剔除，用与接穗茎粗相近的竹签从生长点一侧子叶向另一侧子叶斜插 0.8 厘米左右，用力要适度。再用刀片在黄瓜子叶下部 1 厘米处斜切，将接穗削成 0.8 厘米左右的切口后插入砧木，插入深度以接穗切口与砧木插孔平为宜，要注意接穗与砧木的子叶呈“十”字状（图 1–7）。

图 1–7　黄瓜插接法

靠接时，当南瓜子叶完全平展，黄瓜第 1 片真叶展开约 1.5 厘米大小时为嫁接适期。先将南瓜苗与黄瓜苗从苗床中取出后，用刀片切掉南瓜生长点，在子叶下方 1 厘米处，与子叶着生方向垂直的一面上呈 40 度角自上向下切茎粗的 1/2 略多，切口长

0.8 ~ 1.0 厘米。黄瓜苗在子叶下 1 厘米处，呈 40 度角自下而上切茎粗的 2/3，切口长 0.8 ~ 1.0 厘米。然后将黄瓜苗和南瓜苗切口对接在一起，用嫁接夹固定夹牢。嫁接后的黄瓜苗子叶压在南瓜苗子叶上呈“十”字形，然后立即移入营养钵。

苗床管理时，将移植好的嫁接苗立即排放于苗床内边浇水，边覆盖小棚。高温高湿促缓苗。白天温度控制在 25 ~ 30 ℃，夜间保持 18 ~ 20 ℃。3 ~ 5 天后逐步加大通风量，适当降温至白天 25 ℃，夜间 15 ℃，低于 12 ℃时需增加覆盖层或延长加温时间。以保持营养钵内土壤湿润为宜，太干可适当补充 1 ~ 2 次小水。晴天高温时叶片可能萎蔫，要适当遮阴。用靠接法嫁接的秧苗 10 天后伤口基本愈合，此时可用刀片从嫁接口的基部将接穗断根。嫁接夹最好在定植缓苗后至出藤期去除，以免过早去除，接口处折断。

断根后，每隔 7 ~ 10 天进行一次叶面追肥，增强叶片光合能力，在日历苗龄达 40 ~ 45 天，秧苗四叶一心时即可定植。

2. 定植

栽培黄瓜的田块应远离污染物、离开主干公路 100 米以上，排灌沟渠配套，土壤肥沃，在 3 年内未种植过瓜类的田块，以水旱轮作田块为最佳。定植前 20 ~ 30 天深翻 25 ~ 30 厘米晒垡，或在冬季冻垡。结合倒垡，每亩* 施优质农家肥 4 000 ~ 5 000 千克，以猪、羊圈肥及鸡粪经高温堆制发酵后为宜。冬、春早熟栽

---

*“亩”是我国农业生产中常用的面积单位（1 亩约等于 667 平方米，1 公顷等于 15 亩）。为便于统计计算，后文部分内容仍沿用“亩”作单位。

培黄瓜在定植前10天扣上大棚膜。整地作畦前，每亩可增施含氮、磷、钾三元复合肥（15–15–15）30千克作速效基肥。长江中下游地区塑料大棚一般作南北向畦，规格为净畦高10 ~ 15厘米，宽0.8 ~ 1.0米，并覆盖地膜，沟宽30 ~ 40厘米，密闭大棚以利提高土壤温度。定植前按株距打穴。其他季节不同栽培方式种植黄瓜净畦规格与其基本一致。

黄瓜为浅根性作物，侧根都在表层土，定植时以浅栽为宜。只需将营养钵或无土基质坨置于定植穴内，覆盖2厘米细土即可。定植密度：早春和秋延后大棚栽培，在6米宽大棚内实行小高平畦双行定植，株距25 ~ 30厘米，每亩栽植3 000 ~ 3 500株。春季早熟小棚、春季露地和夏秋季黄瓜栽培，在0.8米宽小高平畦上双行定植，株距25厘米，每亩栽植3 500株左右。为防止土传病害，可用50%多菌灵600倍液浇足定根水。早春大棚黄瓜应选择晴天定植，并及时覆盖小拱棚增温保湿。秋延后大棚栽培黄瓜在定植后覆盖遮阳网降温促缓苗。对于晚春及夏黄瓜栽培，可以直播，每穴播种2 ~ 3粒，出苗后5 ~ 7天及时间苗、定苗。

3. 田间管理

（1）春季大棚早熟栽培　大棚早熟栽培黄瓜（图1–8），采用二促一控管理技术，即缓苗后至伸蔓期，增温保湿以促为主，伸蔓至1米左右适当降温、控制肥水，促根系生长和抑制地上部分营养生长，使黄瓜最大叶片保持在20厘米 ×20厘米左右，叶色绿而不嫩，平均节间10 ~ 15厘米，茎粗0.6 ~ 0.8厘米时，第1雌花坐果进入膨大期。当第1雌花果实在12 ~ 15厘米时，

图 1-8　大棚早熟栽培黄瓜

第 2 雌花果实坐住，进入快速膨大期时，要加强温、光、水、肥管理，加速果实膨大，提高连续结果率，直至终收期。

温度管理：春季大棚早熟栽培黄瓜，在长江中下游地区一般于 2 月下旬至 3 月上旬定植（图 1-9）。此时气温仍较低，晴天时棚内昼夜温差较大，且常遇低温阴雨天气，对定植后的黄瓜缓苗发棵不利。因此在这一时期温度管理要以增温保湿为主，促进缓苗发棵。一般定植后 3 天内以高温高湿密闭大棚、小棚，第 4 天逐步加大通风量，直至早揭晚盖，晴天棚内温度白天控制在 30 ℃左右，晚上不低于 15 ℃。低温阴雨天气时白天控制在 15 ~ 20 ℃，晚上不低于 10 ℃，特别是遇强冷空气时对小棚要增加覆盖物。3 月下旬以后气温回升迅速，但天气变化较大，在温度管理时不仅要防止低温引起的冷害，更要注意晴热天气棚内温度过高引起的烧苗。这时黄瓜生长发育已进入伸蔓出藤期，早定植的黄瓜第 1 雌花坐果进入膨大期。逐渐要以 25 ~ 30 ℃适温管理为主，根据气温加大通风量，降低棚内空气温度和湿度。在 4 月中旬后，若天气晴好，夜间温度高于 15 ℃以上时，则大棚四周可以昼夜通风以常温管理为主，但在阴雨天为防止棚内湿度过大，仍应关闭四周通风口。

肥水管理：黄瓜喜湿而不耐渍，生长速度快，连续结果性强。大棚早熟栽培黄瓜肥水管理应以前轻后重、勤浇为原则，使黄瓜前期营养生长稳健而不徒长，中后期坐果率高，果实膨大快而植株不早衰。

图 1-9　温室早熟栽培水果黄瓜

在定植时浇足定根水后的7 ~ 10天，水分控制以土壤表层略干为宜，促进根系深扎和侧根生长，增加肥水吸收能力。6 ~ 8片叶时进入出藤期后，每亩施25千克三元复合肥或15千克磷酸二铵，根据土壤湿度可于离根部10厘米处深施或兑水后浇施。随着气温升高，植株生长速度加快，在主蔓长至1米左右，第1雌花坐果之前，要根据长势和气候条件控制肥水量，使植株生长稳健，提高雌花坐果率。以阴雨天尽量少浇不浇、晴天高温时适量补水为宜。当根瓜进入快速膨大期，瓜长12 ~ 15厘米，第2雌花已坐果时，要加大肥水用量，每亩用优质有机肥200 ~ 250千克深施，单株施用量为80 ~ 100克，再加15 ~ 20千克复合肥兑水浇施，促进果实迅速膨大，提高连续结果率。进入采收盛期后，每隔5 ~ 7天追施肥水1次，做到轻肥勤浇，保持畦面土壤湿润。采收期间，肥水管理要做到尽量不用化肥，以防新鲜黄瓜亚硝酸盐含量超标，其次不能大水漫灌，防止产生渍害。

搭架整枝：黄瓜定植后10 ~ 15天即进入出藤期。当主蔓长25 ~ 30厘米时，趁晴天揭除小棚膜后，要经常理顺瓜蔓，以免相互缠绕。在4月上旬，棚内夜温达到13 ~ 15 ℃时拆除小棚，用小竹竿搭“人”字形架引蔓上架或用尼龙绳直接系在主蔓基部吊蔓上架，以后每隔3 ~ 4节绑蔓。当主蔓长到架顶时，及时打顶摘心，促使侧蔓生长，继续开花坐果，采收“回头瓜”。主蔓基部老叶、病叶要经常摘除，集中处理。

温室或大棚栽培水果黄瓜时，可根据黄瓜生长的实际情况进行落蔓栽培，延长采收期，将主蔓缠绕在尼龙绳上，随着植株不断生长，及时将下部侧枝及叶片摘除，降低尼龙绳高度，盘绕下部主茎，上部仍然可以继续结瓜，延长收获期（图 1–10）。

落蔓栽培

落蔓栽培结瓜情况

图 1–10　温室栽培的水果黄瓜

4. 夏秋季黄瓜栽培

夏秋季黄瓜栽培正值高温多雷阵雨季节，黄瓜生育期短，产量较低，必须选择耐热抗病品种。夏秋季黄瓜栽培以直播为主，也可育苗移栽，播种季节依各地气候条件而定。在长江中下游地区于 7 月下旬到 8 月上中旬直播。播种后 45 天左右始收，全生育期为 80 ~ 100 天。

选择灌排畅通、土壤疏松肥沃、3 年内未种过瓜类的田块，在播种前翻晒 10 ~ 15 天，施足腐熟优质农家肥 3 000 千克，充分倒匀后整地做成畦高 15 厘米、净畦宽 80 厘米的小高平畦，长度依田块而定。

播种前在畦面以行距 60 厘米开 5 ~ 8 厘米深的小沟 2 行，浇足底水。于次日表土层稍干，经浅松土后按株距 10 ~ 15 厘米将种子点播于沟内，覆盖1.0～1.5厘米厚湿细土，再喷洒清水，为防止高温水分蒸发，畦面覆盖遮阳网保湿。未出苗前，土壤水分不足需补水1～2次。待黄瓜出苗后，及时去除遮阳网，以免光照不足而徒长。在3～4片真叶时按20～25厘米株距定苗。

育苗移栽，在黄瓜秧苗于四叶一心时定植，最好选择傍晚或多云天气定植。并覆盖遮阳网降温促缓苗。夏秋季黄瓜生长前期处于高温天气，对肥水管理要求较高，不仅要防止高温干旱，还要防止雨涝渍害。从出苗后到定苗期间应2～3天浇水1次，并通过中耕浅松土，经常保持土壤湿润，降低地温，促进根系正常生长。

定植后中耕培土，追施出藤肥，有条件的地区可采用水肥一体化系统进行追肥，也可用30%腐熟粪水或每亩兑水浇施15千克三元复合肥。黄瓜进入结瓜期后，加大肥水用量，每亩施用25千克三元复合肥或15千克磷酸二铵兑水浇施，以后根据植株长势和天气每隔3～5天追施浓度为0.3%～0.5%的三元复合肥溶液或30%腐熟粪水。其次在夏秋黄瓜栽培的全生育期内每隔7～10天用0.3%磷酸二氢钾溶液或其他叶面肥喷施，增加叶片厚度，防止病毒病及其他病害发生。

夏秋季黄瓜在5片叶时就可以搭架引蔓，避免出藤后主蔓叶片受地面高温和雨淋而受伤。

（四）病虫害防治

1. 病虫害防治基本原则

预防为主，及时防治。瓜类具有共同的病虫害，与非瓜类作物实行3年以上轮作。增施有机肥，注意土壤改良，减少化肥施用量，逐步恢复和改良土壤应有的良好特性，使养分均衡、土壤根际有益菌群增加、土壤通透性加强。苗期移栽前后注意用吡虫啉、啶虫咪等预防蚜虫 1 ～ 2 次，可在田间悬挂黄板、蓝板诱蚜及粉虱等。抽蔓期用多菌灵、甲基托布津预防真菌性病害 1 ～ 2 次。开花坐果后 7 天左右用春雷霉素或新植霉素预防细菌性病害。环境控制注意消除田间杂草，在保证生长适温的前提下，通风透光，控制湿度，创造作物适宜的生长环境。

2. 病害

（1）猝倒病　苗期主要病害之一（图 1-11）。土壤和植株残体上的病原菌，通过灌溉水或雨水传染发病。

防治方法：选择质量好、信誉好的厂家育苗基质育苗，以减少和预防土传病害的影响。加强苗床温湿度管理，苗床白天控制在 25 ～ 30 ℃，夜间控制在 15 ～ 18 ℃。播种前浇足底水，出苗至子叶平展期不浇水，以床土表层稍干为宜，必须浇水也需在晴天中午前后少量喷洒，其次要及时通风降温，即使阴雨天也需适时通风降温，防止出现秧苗徒长。发病初期拔除病苗，用 72.2% 普力克或 50% 多菌灵灌根，也可用 25% 甲霜灵可湿性粉剂喷施，使用说明依据用药产品说明。

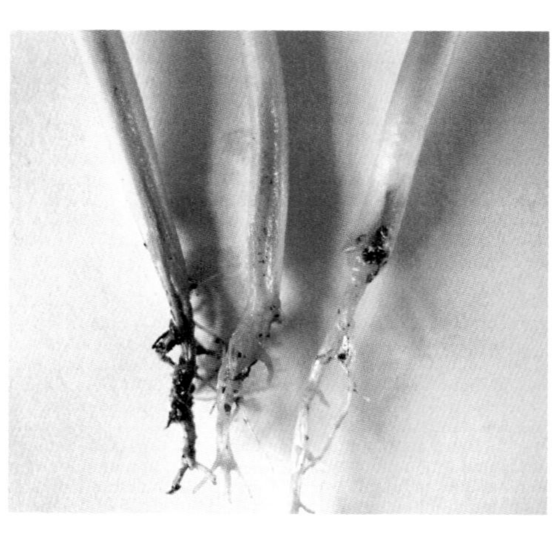

图 1-11　黄瓜猝倒病

（2）立枯病　主要发生在幼苗中后期，危害幼茎的基部和地下根部。病菌随病残体在土壤中越冬，通过雨水、农具等传播。

防治方法：用 50% 多菌灵进行床土消毒，方法与防猝倒病一致。加强苗床通风降湿，防止温湿度过高。发病初期用 30% 甲基托布津悬浮剂或 72.2% 普力克水剂防治。

（3）霜霉病　黄瓜全生育期都能发生，是黄瓜栽培中的主要病害（图 1–12）。真菌性病害。病菌在病残叶上越冬和越夏，依靠气流、水滴传播。

病害叶片正面

病害叶片反面

图 1–12　黄瓜霜霉病

防治方法：选择抗病品种，培育壮苗，施足基肥，地膜覆盖，通风降湿，叶面施肥，及时摘除老叶、病叶。定植前密闭大棚高温消毒 15 天左右或用百菌清烟熏剂杀菌消毒。在晴天上午关闭大棚高温闷棚，使棚温上升到 45 ~ 48 ℃持续 2 小时，能有效抑制病菌发生。

（4）白粉病　黄瓜常见病害。真菌性病害。病菌随病残体在瓜类作物上越冬，通过气流和雨水传播。

防治方法：选用抗病品种，施足基肥，地膜覆盖，加强通风降湿，叶面施肥。发病前用百菌清烟熏剂消毒杀菌，连续4 ~ 5次。发病初期用10%武夷菌素水剂、2%农抗120水剂、40%百菌清悬浮剂、15%粉锈宁可湿性粉剂、70%甲基托布津等药物交替防治。

（5）生理性病害　沤根为苗期常见病害，因苗床低温、高湿引起秧苗生长衰弱而造成沤根。采用电热温床和温室育苗，可有效防止沤根的发生。

花打顶为黄瓜瓜秧生长停滞，顶端雌花、雄花簇生，不长新叶，龙头紧。由低温高湿、光照不足或土壤水分不足引起。加强肥水管理，中耕松土，保持适宜土壤湿度，提高地温、通风排湿后可逐渐恢复正常。

化瓜在黄瓜生产中普遍发生，早春大棚内化瓜较多。产生原因主要是光照不足、温度不适宜、密度过大、肥水不当、植株长势过旺或瘦弱等。加强栽培管理，合理密植，控制适宜温度。加强通风透光，排湿，整枝打杈防止徒长，选用单性结实能力强的品种，可有效预防。

畸形瓜在黄瓜生长后期容易发生，因营养、水分不足或不均匀，或授粉不良，造成不同部位膨大速度不一，产生弯曲、尖嘴、大肚、细腰等畸形瓜。加强肥水管理、通风透光等工作，对畸形瓜尽早去除，可防止产生畸形瓜。

3. 虫害

（1）瓜蚜　虫体黑色，分有翅蚜和无翅蚜两种，能传播病毒。卵在寄主上越冬，若虫在温室蔬菜上继续繁殖。

防治方法：清洁田园，清除田间杂草，消灭越冬虫卵，也可用黄板诱蚜和银灰色地膜避蚜。药物防治以 10% 吡虫啉可湿性粉剂、0.5% 克螨灵可湿性粉剂进行防治，在叶背、嫩茎、嫩尖处要集中喷洒。

（2）白粉虱　俗称小白蛾，是保护地黄瓜主要虫害之一（图 1–13）。在北方冬季露地不能存活，在温室内能越冬危害，1 年发生 10 余代。

图 1–13　寄生于杂草上的白粉虱

防治方法：在温室大棚通风处设置防虫网和进行黄板诱杀。合理轮作，秋冬茬种植芹菜、小白菜、大蒜等品种，减少虫源，冬春茬黄瓜不与茄果类和豆类混作，以免加重危害。药物防治以 10% 吡虫啉可湿性粉剂、阿维吡虫啉、25% 扑虱灵加溴氰菊酯防治；也可用烟熏剂烟熏。

（3）朱砂叶螨（红蜘蛛）　在全国各地都有发生。随地区不同，由北向南年发生 10 ~ 20 代以上。以成螨或若螨群集于土块下、树皮裂缝或杂草丛中、枯枝落叶中越冬。

防治方法：清洁田园，减少虫源。在春季定植前及时清除田间杂草、残枝、消灭越冬虫源。危害初期用 0.5% 克螨灵可湿性粉剂、30% 乙唑螨腈悬浮剂等交替防治。

（五）采收与包装

黄瓜雌花开放至采收嫩瓜在适宜条件下仅需 7 ～ 10 天，及时采收不仅能保证新鲜黄瓜的品质，而且能提高后续结瓜率。黄瓜采收初期间隔 2 ～ 3 天收 1 次，在第 2 ～ 3 条瓜采收时，可每天或间隔 1 天采收。采收前禁止在农药的安全隔离期内用药。采收黄瓜应在上午温度较低时，轻摘轻放，置于清洁干净容器内，以避免泥土沾污，擦伤瓜把，碰掉刺瘤，致使包装运输中可能引起病菌污染而腐烂变质。

采收后的黄瓜要及时清洁，如有泥土沾污用清水冲洗，然后按照外形、颜色、刺瘤等品种特征进行分级。合格新鲜黄瓜为色泽鲜艳，瓜条生长适中，弯曲度在 4 厘米以内，瓜条、长短、粗细基本一致。外观清洁，无其他附着物（如泥土、残留农药等）、无机械损伤、无腐烂变质、无病虫害。

黄瓜装箱后注明品种、品质、重量、产地、包装日期等（图 1–14）。

普通黄瓜小包装

水果黄瓜小包装

直接上架

图 1–14　超市货架上销售的黄瓜

二、印度南瓜

印度南瓜（*Cucurbita maxima* Duch. ex Lam.）为葫芦科（Cucurbitaceae）南瓜属（*Cucurbita*）中的栽培种，一年生蔓性草本植物（图 2-1）。别名西洋南瓜、笋瓜、玉瓜、北瓜等。

图 2-1　印度南瓜

果实适合蒸、炒食或作馅，种子可加工成干香食品。印度南瓜起源于南美洲的玻利维亚、智利及阿根廷等国，已播种到世界各地，中国的印度南瓜可能由印度引入。因肉质粉糯似板栗，俗称栗质小南瓜。近几年来，该瓜因果形适中、色泽艳丽、品质优良、食用观赏兼备而受到消费者的青睐，各地栽培面积发展很快，有着良好的市场发展前景。

（一）生物学特性

印度南瓜为葫芦科一年生蔓生草本植物。根系发达，生长迅速，主根深达 2 米，侧根也非常发达，根的再生力相对较弱；茎为菱形，淡绿色或深绿色，有粗毛。叶软有粗毛，呈圆形。叶腋生雌雄花、卷须，雌雄异花同株，花单生，花冠黄，裂片圆而常翻卷，呈钟形，萼片短而窄。果柄圆柱形，海绵质，基部膨大或不膨大。果实由花托和子房发育而成，多椭圆形，也有圆形、近纺锤形、扁圆形等形状（图 2–2），果面平滑，嫩果白色、成熟果外皮淡黄、金黄、乳白、橙红、灰绿或花条斑等色。

青皮扁圆形　红皮扁圆形

灰绿皮扁圆形　巨型南瓜

香炉瓜　红皮纺锤形

图 2–2　形态各异的印度南瓜

印度南瓜为短日照，喜温性蔬菜。在短日照条件下，有利于雌花形成，且节位较低，长日照时有利于雄花发育。生长适温为25 ~ 30 ℃，低于13 ℃或超过35 ℃时生长发育受阻。根系发达，吸收能力强。但生长速度快，茎叶茂盛，蒸腾作用强，对肥水消耗较多，必须适时适量满足不同生育期对肥水的需求，防止徒长，提高坐果率。

（二）类型与品种

印度南瓜多为早熟品种，适应性广，抗逆性强，适宜早春大棚、小棚栽培和大棚秋延后栽培。可分为以食用为主的小型果和以观赏为主的微型果两种类型。其中以食用为主的小型果印度南瓜栽培面积发展迅速。

1. 红皮种类

（1）东升　台湾农友种苗公司育成。早熟。蔓性。生长势强，易坐果，主蔓第8 ~ 10节开始坐果。从播种到采收需90 ~ 100天，开花后40天左右采收。果皮橙红色，果肉橘黄色，肉厚，粉糯香甜，单瓜重1.5 ~ 2.0千克。商品性好。

（2）板栗红　苏州市蔬菜研究所育成。早熟。生长势强。果实圆形，果皮红色，果肉橙黄色，肉质粉糯，单瓜重1千克左右。从开花到成熟采收需45天左右，适宜春季保护地栽培。

（3）金星　安徽省丰乐农业科学院育成。早熟。蔓性。生长势强，叶片小，叶色浓绿。主蔓第5 ~ 7节着生第1雌花，易坐果。单瓜重约2千克，果实扁球形，果皮金黄色，果面光滑，果肉橙红色，肉质粉糯而味甜，风味佳，耐贮藏。

（4）赤栗　上海惠和种业有限公司从日本引进。早熟。生长势旺。低温结果性强，开花到成熟采收约需 40 天，耐贮藏。果实厚扁球形，果皮金红色，果肉厚，肉色鲜橙，肉质香甜，风味独特，单瓜重 1.4 千克左右。

2. 绿皮种类

（1）一品　台湾农友种苗公司育成。早熟。蔓性。生长势强，分枝能力较强，主蔓第 11 ~ 13 节开始坐果。从播种到采收需 90 ~ 100 天。果实扁圆形，果皮墨绿色，果肉黄色，肉厚，肉质粉糯似板栗，味甜。

（2）吉祥 1 号　中国农业科学院蔬菜花卉研究所育成。早熟。蔓性。生长势中等，主侧蔓均可结瓜，主蔓第 5 ~ 9 节着生第 1 雌花，开花后 40 天左右采收。果实扁圆球形，瓜皮墨绿色带浅绿色条纹及少量浅绿色斑点，果肉橘黄色，肉质粉糯，味甜，单瓜重 1 ~ 2 千克。适宜各类保护地及露地栽培。

（3）锦栗　湖南省瓜类研究所育成。早熟。适应性广，生长势强。从开花到采收需 90 ~ 100 天，叶色浓绿，易坐果，主蔓第 6 ~ 8 节着生第 1 雌花。果实扁圆形，果皮深绿色，有淡色斑点。果肉橙黄色，肉质粉糯似板栗，单瓜重 1.5 千克左右。适宜春季保护地和露地栽培。

（4）板栗青　苏州市蔬菜研究所育成。早熟。生长势强，侧蔓多，主蔓第 15 ~ 18 节着生第 1 雌花，开花至采收约需 30 天。单瓜重 1.0 ~ 1.5 千克。肉厚，橙黄色，肉质致密，口感细腻、香糯，品质佳。适于春秋保护地或露地栽培。

（三）栽培技术

1. 播种期

印度南瓜虽然适应性广，抗病性高，但为避开高温高湿天气对其生长发育的影响，各地都采用春季大棚早熟栽培、小棚覆盖栽培及秋季大棚延后栽培技术。因此印度南瓜播种期应比当地不同栽培方式的适宜定植期在春季提前40天，秋季提前20天左右。

2. 育苗技术与苗龄

印度南瓜育苗技术（图2-3），可参见黄瓜育苗技术。

苗床营养钵育苗　　一叶一心幼苗

图2-3　印度南瓜营养钵育苗

印度南瓜以大苗定植为主。适宜的壮苗标准：子叶肥大，具3～4片真叶，叶片平展，叶色绿，最大叶长8厘米，宽8厘米，株高15厘米，茎粗0.4～0.5厘米，无病虫害，在春季日历苗龄40～45天，秋季20天左右。

3. 定植

印度南瓜在我国各地的栽培形式多样，但大多以大棚上架栽培为主，北方地区以地爬式栽培较为常见。一般选择灌排畅通，土壤疏松，非瓜类连作的田块，以水旱轮作为最佳。定植前深翻20 ~ 30 厘米，晒垡 15 ~ 20 天。并施腐熟优质有机肥 3 000 ~ 4 000 千克和三元复合肥 30 千克，与土壤充分混匀。早春大棚栽培的，于定植前 10 ~ 15 天扣好薄膜，提高棚内土壤温度。秋延后大棚栽培的，需覆盖遮阳网降温和在大棚四周通风处设置 1 米宽防虫网。大棚内作畦应根据种植方式而确定。爬地栽培时，在 6 米宽大棚内作南北向畦 2 条，中间走道宽 0.5 米，净畦高 15 ~ 20 厘米，宽 2.5 米；上架式栽培时，作南北向畦 3 条，

图 2-4　印度南瓜西北压砂栽培

净畦高 20 厘米，宽 1 米；小棚栽培时，净畦宽 2.5 米；为提早上市，增加产量，春季定植前分别在大棚内畦面和小棚种植行覆盖地膜。

定植时根据不同栽培方式合理密植。大棚内爬地栽培时，以株距 40 厘米定植畦面的一侧或中间，每亩栽约 550 株；上架式栽培时，采用单蔓整枝时，在 1 米宽净畦上双行定植，株距 50 ~ 60 厘米，每亩栽 1 100 ~ 1 200 株；双蔓整枝时，以双行定植，株距 1 米，每亩栽约 650 株。春季小棚栽培在 2.5 米宽畦面可单行定植，株距 40 厘米，也可双行定植，株距 80 厘米，每亩栽约 650 株。春季大棚早熟栽培，必须在棚内地温达 12 ~ 14 ℃时适宜定植。春季露地小棚栽培，3 月下旬至 4 月上中旬定植，秋大棚延后栽培，8 月中下旬定植。定植时选择壮苗，以 2 片子叶离地面 1 厘米左右浅栽并浇足定根水，春季在大棚内覆盖小棚增温保湿；秋季覆盖遮阳网，通风降温，促进缓苗发棵。

4. 田间管理

（1）春季（温室）大棚早熟栽培 田间管理以前期增温保湿促发棵、中期控制肥水防徒长、后期适时追肥促膨果为原则，做好整枝理蔓、人工授粉和防治病虫害等工作。

温湿度管理：定植后 2 ~ 3 天密闭拱棚，高温高湿促缓苗，3 天后可逐步加大通风量降温降湿，温度白天控制在 25 ~ 28 ℃，夜间不低于 13 ℃。在长江中下游地区，印度南瓜从定植到 3 月底或 4 月初，夜间必须覆盖拱棚，4 月上旬后根据气温，可揭除拱棚。以后随着温度的逐步升高和每次浇水后，要不断加大通风量。直至 6 月上中旬在天气晴好时，可以昼夜通风降湿，避免高温高湿引起植株生长受阻和病害发生。

整枝理蔓：印度南瓜伸蔓期生长速度快，茎叶繁茂，在大棚早熟栽培过程中一定要整枝理蔓，调控生长速度，提高坐果率。印度南瓜伸蔓期见图 2–5。整枝方式根据不同栽培方式确定。高密度上架式栽培，以单蔓整枝、主蔓结果为主，可以比多蔓整枝提早成熟 5 ~ 7 天，且果形整齐。单蔓整枝时应将所有侧蔓及早摘除，主蔓上架。低密度上架式栽培，以双蔓整枝、侧蔓结果为主。在 5 ~ 6 片叶时摘除生长点，促进侧蔓生长。在侧蔓长至 2 ~ 3 厘米时，保留生长势强的二侧蔓，其余侧蔓及早摘除。爬地栽培时都以三蔓整枝为主，可以是一主二侧蔓或在 5 ~ 6 片叶时摘除生长点后，保留三侧蔓。待蔓长至 30 ~ 40 厘米时，把蔓向同方向或分开向畦两侧理顺，防止相互缠绕。在温室或连栋大棚内也可采用吊蔓栽培（图 2–6）。

图 2–5　印度南瓜伸蔓期

采用上架式栽培，首先应将茎蔓理顺，待蔓有 60 厘米左右长时在定植穴周围压蔓 1 次，使其产生不定根，增强肥水吸收能力，然后逐步引蔓上架。架材可用竹竿搭成 2 米高的“人”字形架；竹片搭成 1.8 ~ 2.0 米高的环形架；用塑料绳或稻草间隔 50 厘米绑蔓，也可以用尼龙绳直接松松地扎在茎蔓基部将茎蔓缠绕

图 2-6 印度南瓜温室吊蔓栽培

上架。

在整枝理蔓上架的同时，必须及时去除卷须、病残老叶，对已坐果植株高度达 2.0 ~ 2.5 米时摘除生长点，减少营养消耗，加速果实膨大（图 2-7）。对爬地栽培的，主侧蔓每隔 50 厘米压蔓 1 次，起到增加不定根、提高养分吸收能力和固定茎蔓防止风吹跑蔓的作用。

授粉与疏果：春季大棚早熟栽培印度南瓜，因在短日照条件下育苗，定植后有的品种在 5 ~ 6 节时就开始着生第 1 雌花，但果形小，商品性差，应及早去除。为提高果形的整齐度和商品性，一般对 12 节以下的第 1 雌花都需及早去除。在第 2 雌花开放后，于每天早晨 8 时前后进行人工辅助授粉。以后每隔 3 ~ 5 节保留一个雌花，待瓜坐住且长至直径有 8 厘米大小时，进行疏

图 2-7　印度南瓜大棚上架栽培

果，每蔓保留一只果形周整美观的瓜。多余嫩果可作为新鲜蔬菜采摘后供应市场。上架式栽培的，在果实膨大至 8 ~ 10 厘米时进行吊瓜，防止果实掉落或折断茎蔓，吊瓜时用塑料绳系住瓜柄，吊在竹架上即可。

肥水管理：春季大棚早熟栽培印度南瓜，在施足基肥的前提下，一般在缓苗结束后，施好提苗出藤肥，每亩施肥量为 15 千克三元复合肥兑水浇施。以后直至坐果后，施足果实膨大肥，每亩施肥量为 20 千克三元复合肥，可以在离根部 20 厘米处或不定根附近深施或兑水浇施。印度南瓜根系发达，耐旱能力强，因此棚内土壤湿度不宜过大，以免高温高湿引起植株徒长，一般水分补充结合施肥同步浇施。

（2）春季小棚覆盖栽培　温度管理：春季小棚覆盖栽培印度南瓜，一般在 3 月中下旬至 4 月上旬定植，小棚覆盖时间为 25

天左右。定植后至 4 月中旬要以增温保温促缓苗，促发棵为主。小棚内晴天控制温度为 28 ~ 30 ℃，夜间不低于 13 ℃；阴雨天适当降至白天 20 ℃左右，晚上不低于 10 ℃。低温天气时，夜间小棚要覆盖草帘等保温物，以免低温引起僵苗不发棵。4 月上旬后根据天气情况，逐步揭除小棚薄膜，早揭晚盖，进行常温锻炼，直至拆除小棚。

整枝压蔓：出蔓后及时整枝理蔓，保留一主二侧蔓或三侧蔓，多余侧蔓全部摘除。当瓜蔓长至 60 ~ 70 厘米时压蔓，以后每隔 50 厘米左右压蔓 1 次。压蔓时用小铲子挖 10 厘米长、深 1 ~ 2 厘米的浅沟，将茎蔓置于沟内，覆盖松土稍压实，促使不定根生长和固定茎蔓；其次要定期彻底清除田间病残叶、老叶、杂草，减少病虫害源。

开花、坐果：小棚栽培印度南瓜，在中后期已转入露地栽培。虽然雌花开放后，晴天有虫媒花，但在阴雨天则受到影响，最好每天进行人工辅助授粉。一般主蔓在 13 节以上，侧蔓在 10 节以上开始留果，每隔 4 ~ 5 节留 1 果，每蔓留 2 ~ 3 果，以后根据茎蔓长势、果形进行疏果，保留一蔓一果或一蔓二果。在瓜直径达 10 厘米以上时，要扶正瓜位，使果面着色均匀，提高商品性。

小棚覆盖栽培因产生不定根多，所以肥水吸收能力更强。定植后施肥量：第 1 次于出藤期每亩施 15 千克三元复合肥；第 2 次于坐果后施 15 ~ 20 千克三元复合肥即可，施肥方法可以深施或兑水浇施。水分管理根据天气、长势而定。土壤太干，应适当补水。一般情况下无需补水，但必须防止雨涝渍害。

（四）病虫害防治

1. 病虫害防治基本原则

参见黄瓜的病虫害防治基本原则。

2. 病害及防治技术

（1）白粉病　白粉病为南瓜主要常见病害（图 2-8）。病菌随病残体在土壤或棚室内越冬。

图 2-8　印度南瓜白粉病

防治方法：清洁田园，清除田间的病残叶、老叶，加强通风降湿，防止空气湿度过高，尤其是在浇水后要加大通风量，迅速降低棚内湿度。发病初期用百菌清烟熏剂每隔 7 天烟熏 1 次，连续 2 ～ 3 次，或用 15% 粉锈宁可湿性粉剂、10% 世高水分散颗粒剂、50% 甲基托布津、绿亨 2 号交替防治。

（2）蔓枯病　蔓枯病为南瓜主要病害之一。病菌随病残体或在种子上越冬，适宜发病温度为 18 ～ 24 ℃，在连作、排水不良、通风透光较差、肥料不足、植株长势弱时发病重。

防治方法：实行 3 年以上轮作。施足基肥，灌排通畅，加强通风透光。发病初期用 75% 百菌清可湿性粉剂、10% 世高水分散颗粒剂等进行防治，或用 50% 甲基托布津加杀毒矾各 50% 调成糊状涂抹于病部，每隔 5 ～ 7 天涂 1 次，连续 2 ～ 3 次。

（3）花叶病毒病　花叶病毒病为南瓜主要病害（图 2–9）。秋季栽培时发生严重。主要由种子带毒或蚜虫、白粉虱或汁液摩擦传毒。夏季高温干旱、虫害发生严重时发病较重。

图 2–9　南瓜花叶病毒病

防治方法：选用无病种子，播种前种子用 10% 磷酸三钠消毒 20 分钟，清水冲洗后浸种 2 小时。秋季栽培时覆盖遮阳网降温，在大棚四周通风口设置防虫网，防止害虫侵入。在全生育期内用 0.3% 磷酸二氢钾溶液或喷施宝等叶面肥，每 10 天叶面追肥 1 次，增加抗病性。发病初期用 20% 病毒 A 可湿性粉剂或 20% 毒灭星（盐酸吗琳胍）可湿性粉剂交替防治。

3. 虫害

印度南瓜栽培过程中，虫害主要有蚜虫、白粉虱、美洲斑潜叶蝇、红蜘蛛等。防治方法见黄瓜主要虫害的发生与防治。

（五）采收与包装

印度南瓜从开花到果实成熟需 40 ～ 45 天，一般在 20 ～ 25

天时果实膨大期已结束。作为嫩瓜已可采收，但消费者对印度南瓜的品质要求较高，都以食用品质优良的成熟瓜为主，因而必须以果柄呈木质化，果形、果皮完全呈现本品种特征，果肉致密、粉质时才适宜采收。采收时，果柄不能太长，以 3 ～ 5 厘米为宜。同时要尽量减少机械擦伤果面。

印度南瓜作为特色瓜果对质量标准和包装要求严格，必须选择具有不同品种特征、果形整齐一致、果皮色泽均匀、有光泽、无机械擦伤、无病虫害斑及腐烂斑的果实包装入箱。包装箱应选用洁净硬质纸箱，并注明品种、质量、重量、生产日期、产地。包装后在室内整齐堆放，运输途中避免因日晒、雨淋而导致品质下降。礼品盒注明品种、质量、重量、生产日期、产地和营养成分、食用方法，作为特色保健礼品供消费者选购（图 2-10）。

图 2-10　超市销售的印度南瓜

三、西葫芦

西葫芦（*Cucurbita pepo*）又称美洲南瓜，别名白瓜、茭瓜、青瓜等。

西葫芦为葫芦科（Cucurbitaceae）南瓜属（*Cucurbita*）中叶片具较少白斑，果柄五棱形的栽培种，一年生草本植物。别名美洲南瓜。西葫芦原产北美洲南部，19世纪中叶中国开始栽培，世界各地均有分布，欧洲、美洲最为普遍，是目前蔬菜生产中用量最大的种类，可分为菜用（图3–1）和籽用（图3–2）两种。

图3–1　菜用西葫芦

图3–2　籽用裸仁西葫芦

（一）生物学特性

茎矮生或蔓生，5棱，多刺。蔓生品种的主蔓生长势强，侧蔓较多，半蔓生品种的主蔓一般为0.8米左右，矮生品种节间短，呈丛生状态。叶硬直立，叶片互生，粗糙，多刺，宽三角形，掌状深裂，近叶脉处有白色花斑，叶柄中空，无托叶。雌雄异花同株，花单生，黄色。雄花筒喇叭状，裂片大，萼片下少紧缢；雌花萼筒短，萼片渐尖形（图 3–3）。花梗 5 棱，果蒂处稍扩张。果实多长圆筒形，果面平滑，皮绿、浅绿或白色，具绿色条纹。成熟果黄色，蜡粉少。西葫芦果实因品种不同而异，果形有圆筒形、椭圆形、圆柱形、飞碟形等，色泽有白、绿、金黄、深绿及绿白、黄白等花斑（图 3–4）。种子扁平灰白或黄褐色，周缘与种皮同色，珠柄痕平或圆，种子千粒重 140 克左右。

图 3–3　西葫芦的花

西葫芦较耐寒而不耐高温，生长最适宜温度为 20 ~ 25 ℃，30 ℃以上生长缓慢并极易引发病害。种子发芽适宜温度为 25 ~ 30 ℃；早熟品种耐低温能力更强。根系伸长最低温度为 6 ℃，根毛发生最低温度为 12 ℃。夜温 8 ~ 10 ℃时受精果实可正常发育。光照强度要求适中，较能耐弱光，但光照不足时易引起徒长。属短日照植物，长日照条件有利于茎叶生长，短日照条件结瓜期较早。喜湿润，不耐干旱，特别是在结瓜期土壤应保持湿润，才能获得高产。高温干旱条件下易发生病毒病；但高温高湿也易造成白粉病。

深绿皮棒形　浅绿皮棒形

绿皮棒形　白皮棒形

扁圆形　椭圆形

图 3-4　形态各异的西葫芦

（二）类型与品种

西葫芦按其生长可分为早熟矮生、中熟半蔓生、晚熟蔓生 3 个类型，生产上都以早熟矮生类型为主栽品种。

（1）中葫1号 中国农业科学院蔬菜花卉研究所选育。早熟。植株矮生，生长势中等，主蔓结瓜为主。瓜形棒状，瓜皮浅绿色。以食嫩瓜为主，品质好。单瓜重150 ~ 200克为采收标准。抗逆性好，坐瓜多，节成性强。

（2）中葫3号 中国农业科学院蔬菜花卉研究所选育。早熟。植株矮生。果实长柱形，有棱，瓜皮白亮，品质脆嫩，口感好，较耐贮藏。开花后7天左右采收，节成性强，抗逆性好，早期产量高。栽培条件适宜露地定植后25天左右即可采收嫩瓜。

（3）绿宝石西葫芦 中国农业科学院蔬菜花卉研究所育成。早熟。矮生。主蔓结瓜，侧枝稀少。瓜形长棒状，果皮深绿色，品质脆嫩。开花后7天可采收150克以上的嫩瓜供应市场，2 ~ 3天采收1次，结瓜盛期每天可以采收。食用嫩瓜时不需去皮去瓤。春露地栽培定植后28天左右采收嫩瓜。

（4）美玉 河北省农业科学院蔬菜花卉研究所选育。生长势强，茎粗壮，叶片肥厚。瓜条顺直，浅绿色，瓜长26.6厘米，直径5.9厘米，单瓜重450克。果肉厚，肉质鲜嫩，纤维少，品质佳，种子少。第1雌花着生于第6 ~ 7节，瓜码适中。适合保护地栽培。

（三）栽培技术

1. 播种期

长江中下游地区春季大棚早熟栽培于1月中下旬至2月上旬播种，3月上中旬定植；春季小棚早熟栽培于2月中下旬播种，3月中下旬定植；春季露地栽培3月上中旬播种，4月中旬定植。华北地区春季大棚早熟栽培2月上中旬播种，3月中旬定植；春季小棚早熟栽培 3 月上旬播种，4 月上旬定植；春季露地栽培 3 月中下旬播种，4 月下旬定植；日光温室越冬栽培 9 月中下旬至 10 月中下旬定植。

2. 育苗

西葫芦春季育苗期处于低温期，为培育壮苗，可采用电热温床营养钵育苗和穴盘无土育苗技术，其育苗技术与南瓜育苗技术基本相同。壮苗标准：四叶一心，子叶完整，真叶嫩绿，株高 15 ～ 20 厘米，茎粗 0.4 厘米左右，根系发达，无病虫害。春季日历苗龄为 40 天左右，秋季为 20 天左右。

3. 定植

种植西葫芦应选择生态环境良好、远离污染的田块，且土壤肥沃疏松，排水畅通。定植密度：在大棚内无论单行、双行，还是三行定植，以 50 厘米株距为宜，每亩定植 1 200 株左右；小棚和露地定植时密度可增加至 1 600 株每亩左右，株距为 40 厘米即可。定植应选择晴天，定植后浇足定根水。无论大棚或小棚栽培时，都必须及时覆盖小棚薄膜，增温保湿。露地栽培时，地膜四周及定植穴周围应严密压实，防止地膜被风吹起，不利地温增高。

4. 田间管理

（1）春季大棚早熟栽培　温度管理：在前期以增温保湿促缓苗、促发棵为主，一般在定植后 3 天内密闭覆盖小棚，夜间覆盖草帘等保温层，使小棚内温度白天保持在 30 ℃以上，地温迅速提高，促进西葫芦根系的生长（图 3–5）。3 天以后，根据气温情况逐步加大小棚通风量，5 ～ 7 天后新生长的心叶有 1 厘

图 3-5　西葫芦盛果期

米大小时，表明缓苗期已结束。这时白天可以将小棚膜全部揭去，使大棚内温度在白天保持 25 ～ 28 ℃，夜间不低于 12 ℃，当棚内温度超过 30 ℃时，要及时通风降温，以免高温烧苗。当外界夜间最低温度达 12 ℃以上时，即可昼夜通风，但在阴雨天时应关闭大棚通风口，有利降低棚内空气湿度。

西葫芦根系发达，在施足基肥以后，一般追肥 2 ～ 3 次。第 1 次在定植后 5 ～ 7 天缓苗期结束时追施发棵促藤肥，每亩以 15 千克磷酸二铵在离西葫芦根部 10 ～ 15 厘米处深施或兑水浇施。第 2 ～ 3 次分别在开花坐果后及采收中期，每亩施 20 ～ 25 千克三元复合肥。西葫芦定植时只要浇足定根水，可以不浇缓苗水。第 1 次浇水可与追施发棵促藤肥同时进行。以后直至开花坐果前，应通过中耕松土来保持土壤湿度，有利于根系进一步扎深和扩展，增强肥水吸收功能。在进入开花坐果期后，随着叶片数增加和外界温度升高，叶面蒸发量增强，同时果实膨大期需水量增大。这期间需要适时补充水分，以保持土壤湿润，在晴天时一般间隔 3 ～ 5 天就需补水一次。在每一次补水后都要注意通风降湿，避免高温高湿引起病害发生。

人工授粉：春季大棚早熟栽培西葫芦雌花不仅出现早，而且数量多，但由于雄花少，同时棚内昆虫少，为提高坐果率，必须采用人工授粉。以每天上午 8—10 时授粉效果最好。由于花粉来源少，应将当天开放的雄花用毛笔将花粉轻轻刷到培养皿中，再用毛笔涂到雌花柱头上。

（2）春季小棚覆盖栽培　西葫芦春季小棚覆盖栽培一般覆盖时间为 20 ～ 25 天。由于春季温度变化较大，在温度管理方面既要防止低温僵苗不发棵，又要防止高温引起烧苗。因此在定植后至缓苗结束前应当以增温保温为主，夜间必须加盖草帘等保温材料。在缓苗结束后逐步加大通风量，降低小棚内温度，白天保持在 28 ℃左右，夜间不低于 10 ℃。当外界白天气温达到 22 ℃以上时可揭除小棚薄膜，做到早揭晚盖。但阴雨天以不揭膜为好，以免叶片受低温影响出现冷害症状。由于小棚空间小，晴天时升温快，在温度达 30 ℃以上时要及时通风降温，稍有疏忽，极易出现烧苗。

小棚覆盖栽培在肥水管理方面则与大棚早熟栽培基本相同，但水分管理由于中后期已完全进入露地栽培管理模式，受气候影响较大，既要防止缺水，又要防止渍害，因此水分补充可以结合追肥时进行，一般 2 ～ 3 次即可，在受雨涝影响时，及时清沟理墒，排除积水。

人工授粉：西葫芦小棚覆盖栽培，在进入开花前期时雌花数量明显多于雄花。虽然外界昆虫较多，但遇阴雨天，化瓜现象较多，因此仍需在每天上午采用人工辅助授粉，提高坐果率。

（3）日光温室越冬栽培　西葫芦适应性强，与其他瓜类相比，较耐低温、弱光照，因而在北方地区西葫芦日光温室越冬栽培面积较大。

温度管理是越冬栽培的关键技术。定植后4～5天密闭温室，使白天温度保持25～30℃，夜间温度18～20℃，促进缓苗发棵。缓苗结束后，白天可适当通风降温，温度保持25～28℃，夜间保持12～15℃。以后随着温度逐渐下降，为使温室内白天温度保持25℃，夜间不低于8℃，15℃左右时放下草帘。早晨温室内温度达8～10℃时揭开草帘，遇到雨雪天气时不揭草帘，但应及时清扫积雪。在雪后晴天时逐渐见光，防止叶片萎蔫。进入早春后，提高温度，使白天温度保持25～28℃，夜间保持10～12℃。3月中下旬加大通风量。

肥水管理基本同大棚管理。

为增加光合作用，越冬栽培时可吊蔓栽培。在吊蔓的同时要及时整枝，摘除老叶、卷须和侧芽，操作选择在晴天上午进行，利于伤口愈合，防止病害感染。

因温室内基本无昆虫活动，湿度大，化瓜现象较多，应在上午10时前后进行人工辅助授粉，促进坐果，或者用60～80毫克/升的防落素涂抹在花柱基部与花瓣基部之间，在晴天下午时涂抹。涂抹要均匀，否则易出现畸形果，一旦出现畸形果尽早去除。

（四）病虫害防治

1. 西葫芦病虫害防治基本原则

参见黄瓜病虫害防治基本原则。

2. 西葫芦病害防治技术

（1）白粉病、病毒病（图3-6），防治方法同黄瓜。

（2）灰霉病防治方法：与非瓜类作物轮作 3 年以上，选择地势较高、排水畅通的田块栽植。定植后加强通风降湿，及时清除病残老叶、病果等。发病初期，用腐霉利、百菌清烟熏剂烟熏，或用 50% 速克灵可湿性粉剂、50% 扑海因可湿性粉剂、70% 甲基托布津可湿性粉剂交替防治。

图 3–6　西葫芦病毒病

（3）菌核病防治方法：实行轮作。深翻 20 ~ 30 厘米晒垡。用 55 ℃温水浸种 15 分钟。定植后防止土壤湿度太大，加强棚内通风降湿。发病初期，用百菌清烟熏剂烟熏，也可用 40% 菌核净、50% 多菌灵可湿性粉剂进行预防。

3. 西葫芦虫害

主要有蚜虫、白粉虱、红蜘蛛等，防治方法参见黄瓜虫害的防治技术。

（五）采收与包装

西葫芦大多以食用嫩瓜为主，一般在开花坐果后 10 天左右采收，瓜长 20 ~ 25 厘米，单瓜重 150 ~ 500 克。嫩瓜皮薄质脆、含水量高，采收时应尽量避免机械损伤，轻拿轻放置于采收筐内。一些地区有采食老熟西葫芦的习惯，老熟瓜（图 3–7）则以外皮变硬、果肉木质化程度较高时采收为好。

采收后按照国家相关农产品上市要求，将瓜形整齐一致、色泽光亮、无机械损伤、无腐烂斑的瓜条装箱，并表明品种、质量、重量、产地、生产日期等。

图 3-7　适宜采收的老熟西葫芦

将包装好的西葫芦整齐堆放于通风良好的仓库内，但堆码不能太高，一般 10 千克的包装箱以 25 ~ 30 箱为一堆码，每一个堆码之间都必须有通风道，以免腐烂变质。图 3-8 为超市待售的西葫芦。

图 3-8　超市待售的西葫芦

四、观赏南瓜

观赏型南瓜（图 4-1）是一类具有观赏价值、外观各异、色彩艳丽的南瓜（美洲南瓜、印度南瓜、中国南瓜）品种。

由于葫芦科作物变异及种内品种相互间杂交后获得的一些杂交分离后代，使得其品种数量得到充实，其色泽艳丽，有红、黄、绿、白、金黄、绿白、双色等各种颜色，外观奇异，有球形、卵形、飞碟形、梨形、佛手形、皇冠形（图 4-2）等。单瓜重 150 ~ 200 克。单株结果数多，部分品种不但品质佳，色彩艳丽，而且又可观赏。

图 4-1　观赏南瓜

图 4-2　观赏南瓜果实的不同形态

（一）生物学特性

观赏型南瓜以美洲南瓜为主，在印度南瓜和中国南瓜中也有部分品种具有观赏价值，如巨型南瓜、板栗红南瓜等。观赏型南瓜的生物学特征及对环境的要求与南瓜相同。

（二）类型与品种

（1）龙凤瓢南瓜　瓜形似汤匙，下部为球形，上部为长柄，呈黄色，并有淡黄色条纹相间。嫩瓜可食用，老熟瓜可作艺术品。长 15 ~ 18 厘米，单瓜重约 100 克。坐果率高，连续结果性好。

（2）迷你南瓜（图 4-3）　苏州市蔬菜研究所育成。生长势中等，结果能力强，果形整齐，果实扁圆形，果皮黄色，果面有深黄色纵形条纹，表面有蜡质感，具观赏性，商品性佳。肉质致密，口感甜、糯、细腻。适宜春秋保护地栽培。

图 4-3　迷你南瓜

（3）金童南瓜　果皮橙黄色，扁圆形，果面有纵向棱沟，外形美观。单瓜重约 100 克。直径 7 厘米，高 5 厘米左右。结果性高，连续结果性好。

（4）玉女南瓜　形状大小如同金童南瓜，皮色淡白，扁圆形，有明显棱纹线，直径 7 厘米，高 5 厘米左右，瓜小巧，新奇，观赏兼食用。坐果率高，连续结果性好。

（5）皇冠南瓜　瓜形似皇冠，又似飞碟、佛手，形状怪异，又名“小丑南瓜”。果皮颜色有浅黄、白色、绿色等。果实直径 11 厘米，高 8 厘米。单瓜重约 130 克。

（6）鸳鸯梨南瓜　梨形，果皮有明显的黄绿双色，底部为深绿色，上部为金黄色，有淡黄色条纹相间。坐果率高，连续结果性好。

（7）西瓜皮南瓜　瓜形扁圆，果皮由翠绿色和白色条纹相间组成，酷似西瓜，直径 6 厘米，高 4 厘米左右。单瓜重约 80 克。坐果率高，连续结果性好。

（8）沙田柚南瓜　外形似沙田柚，皮奶白色，直径 6 厘米，高 7 ～ 8 厘米。单瓜重约 130 克。

（9）黑地雷南瓜　瓜形似鸡蛋，墨绿色，又似地雷，直径 6 厘米，高 8 ～ 9 厘米。单瓜重约 100 克。株形中等。

（三）栽培技术

观赏型南瓜适应性广，栽培技术简单，不仅适宜春、秋保护地或露地栽培，也适宜庭院、阳台种植。主要栽培技术与其他南瓜品种基本相同。不同点如下：

（1）合理密植　观赏型南瓜适宜密植、上架栽培（图 4–4）。在大棚内可小高畦单行或小高平畦双行定植，平均行距 1 米，株距 0.5 米，每亩种植 1 200 株左右。

图 4–4　观赏南瓜温室立式栽培

（2）整枝　观赏型南瓜以主蔓结瓜为主，且结果数多，对 1 米以下的侧蔓要全部摘除（图 4–5）。在主蔓上架后适当保留 2 ~ 3 蔓，增加单株结瓜数。花期人工辅助授粉，及时摘除老叶。为果实的正常生长创造良好环境，使果形整齐、着色均匀，一般单株结果数 10 ~ 15 个。

大棚栽培观赏性

温室内搭架栽培观赏性

图 4-5　大棚和温室立体栽培的观赏南瓜

（四）病虫害防治

病虫害防治基本原则见黄瓜病虫害防治基本原则，病虫害防治与印度南瓜和西葫芦病虫害防治方法相同。

（五）采收与包装

果实充分成熟转色后即可采收和贮藏。对于观赏型南瓜，为进一步提高其观赏效应，可以选择3～5只不同形状的品种装入相应的工艺礼品盒，既可以进入超市（图4–6），也可以进入工艺品商店。同时还可供应鲜花店，用于装点花篮、果盘等。

图 4–6　超市货架销售的南瓜

五、金丝瓜

金丝瓜（*Cucurbita pepo* var. *medullosa*）（图 5-1）又名金瓜、搅瓜、面条瓜，是美洲南瓜（西葫芦）的一个变种。

原产于南美洲北部，西汉时期传入我国，目前在东部沿海各省和河南、湖北、台湾等地都有一定的栽培面积。其中以上海市崇明区的栽培面积最大。金丝瓜适应性广，栽培容易，丰产，耐贮藏，尤其是果肉自然成丝，脆嫩可口，享有“植物海蜇”之美称。近几年来，各地作为特种蔬菜纷纷引种栽培，成为深受群众欢迎的名特蔬菜品种。

图 5-1　金丝瓜

金丝瓜营养丰富，除含有多种维生素、蛋白质、脂肪和钙、磷、铁等矿质元素外，还含有人体必需的胱氨酸、天门冬氨酸、精氨酸等多种氨基酸。金丝瓜还含有其他瓜类蔬菜所没有的葫芦巴碱和丙醇二酸等物质。这两种物质具有调节人体新陈代谢和抑制糖类转化为脂肪的功能，同时金丝瓜还具有补中益气、利湿消渴、健脾润肺、消食清火之功效，可以治疗风热或肺热咳嗽、痢疾、食积伤中、小儿积食等症。

（一）生物学特性

金丝瓜喜温不耐寒，生长适温为 20 ~ 30 ℃，高于 35 ℃或低于 10 ℃生长不良，开花期若遇 35 ℃高温，则花粉不能正常发育，容易落花落果。金丝瓜为短日照作物，苗期在低温短日照条件下，有利雌花（图 5–2）形成和降低雌花节位。果实发育期需较强光照，可以促进果实膨大，提高品质。金丝瓜对土壤适应性广，较耐旱而不耐渍涝，忌连作，在土壤疏松，肥沃、排水良好的沙壤土地栽培，能获得优质、高产。

图 5–2　金丝瓜的雌花

（二）类型与品种

图 5-3　瀛洲金丝瓜

金丝瓜作为特色蔬菜品种，目前在国内用于生产的主要品种有：

（1）瀛洲金丝瓜　上海市崇明区优良地方品种（图 5-3）。第 1 雌花着生于主蔓第 6 ~ 13 节。果实椭圆形，老熟瓜果皮果肉呈金黄色，肉质丝状，品质脆嫩，单瓜重 0.75 ~ 2.00 千克。适宜春、秋保护地栽培和春露地栽培。

（2）生砸无蔓金丝瓜　一代杂交种。全生育期 65 ~ 70 天，4 ~ 5 叶时开始坐瓜，25 天左右即可采摘。成熟瓜椭圆形，金黄色。单瓜重 2 ~ 3 千克，单株结瓜 2 ~ 3 个。适宜春、秋保护地栽培和春露地栽培。

（三）栽培技术

1. 播种育苗

金丝瓜在长江中下游地区春季大棚早熟栽培的播种期为 1 月中下旬到 2 月上旬，春季小棚栽培为 2 月下旬到 3 月上旬。在华南和北方地区则可适当提早或推迟。秋季大棚延后栽培为 7 月下旬到 8 月上旬。

金丝瓜早春育苗均以电热温床营养钵育苗为主。营养钵规格为直径 8 厘米或直径 10 厘米的塑料钵。有关育苗及电热温床的设置与营养土配制技术可参见黄瓜、西葫芦育苗技术。

金丝瓜栽培以大苗定植为主，适宜的生理苗龄为三叶一心至四叶一心，茎粗 0.4 ~ 0.5 厘米，株高 15 ~ 20 厘米，真叶平展略上翘，叶色嫩绿，无病虫害斑，日历苗龄在春季为 40 天左右，秋季为 20 天左右。

2. 定植

栽培丝瓜应选择灌排畅通、肥沃疏松、非瓜类连作的田块，最好是水旱轮作。冬季深翻冻垡，每亩施足优质农家肥 2 500 ~ 3 000 千克，并与土壤充分混合。作畦前再施入 30 千克三元复合肥，为金丝瓜定植后发棵打基础。春季大棚早熟栽培应提前 10 ~ 15 天扣好棚膜密闭增温，地膜加小棚覆盖栽培，提前 5 ~ 7 天作畦铺设地膜，增加地温（图 5–4）。大棚栽培时在 6 米宽标准棚内作南北向畦 3 条，净畦宽 1.2 米，畦高 15 ~ 20 厘米。金丝瓜可与油麦菜套种（图 5–5）。

图 5–4　金丝瓜大棚加地膜早熟栽培

图 5–5　金丝瓜与油麦菜套种

大棚早熟栽培于 2 月下旬到 3 月上旬定植，秋季大棚延后栽培为 8 月中旬。春季定植应选择晴好天气，有利提高棚内温度。定植密度以主蔓结瓜为主，单蔓整枝，在大棚内采用双行定植，株距 50 厘米，每亩栽 1 200 ～ 1 300 株；以侧蔓结瓜为主双蔓整枝的，株距为 80 厘米，每亩栽 700 ～ 750 株。

3. 田间管理

春季大棚早熟栽培（图 5–6）处于早春低温期，在定植后 5 ～ 7 天应密闭小棚增温保湿促缓苗，白天棚内温度控制在 30 ℃左右，夜间控制在 15 ～ 17 ℃，为防止夜温过低，对小棚应覆盖 1 ～ 2 层草帘或遮阳网保温。缓苗期结束后，逐步揭开小棚通风降温，白天控制在 25 ～ 28 ℃，夜间不低于 15 ℃。3 月下旬随着温度升高，可在晴天加大通风量，夜间逐步减少草帘、遮阳网等保温覆盖物，直至最后拆除小棚。

图 5–6　金丝瓜大棚上架栽培

整枝搭架大棚早熟栽培金丝瓜，可以采用以主蔓结瓜为主的单蔓整枝和以侧蔓结瓜为主的双蔓整枝法，主蔓结瓜一般可以比侧蔓提早 5 ～ 7 天开花。在进行单蔓整枝时，对所有侧蔓应及早摘除。双蔓整枝时，一般于 5 ～ 6 片叶期摘除主蔓生长点，促进侧芽生长，在侧蔓长出来后，保留 2 个强势侧蔓，其余侧蔓及早去除。进入开花坐果期后在整枝引蔓上架的同时，应及时清除中下部病残叶、老叶，增加棚内通风透光量（图 5–7）。当每一茎蔓坐果达到 2 只以上时，在第 3 只果后留 8 ～ 10 片真叶即可摘心打顶。

图 5–7　金丝瓜大棚上架栽培适宜疏果期

春季大棚早熟栽培金丝瓜，应以稳发稳长、防徒长为主。一般在缓苗期结束后，追施 30% 腐熟粪水或 15 千克磷酸二铵兑水浇施，作为发棵出藤肥。以后至开花坐果前不再追施肥水。第 2 次施肥在进入果实膨大期后施膨果肥，每亩用 25 ～ 30 千克三元复合肥兑水浇施或于离根部 10 ～ 15 厘米处深施，确保果实迅速膨大。后期根据田间植株长势和土壤湿度追施 1 ～ 2 次肥水，每次用 10 千克三元复合肥兑水浇施，保持中后期植株生长正常而不早衰。

人工授粉金丝瓜以虫媒花为主。大棚早熟栽培金丝瓜因棚内昆虫活动少，为提高坐果率，进入开花坐果期后必须于每天上午10时前进行人工辅助授粉，只要将雄花花瓣剥去把花粉涂在雌花柱头上即可。

（四）病虫害防治

病虫害防治基本原则参见黄瓜病虫害防治基本原则。

金丝瓜的病虫害防治技术可参见印度南瓜、西葫芦的病虫害防治技术。

（五）采收与包装

金丝瓜以食用老瓜（图5-8）为主，一般从开花至采收需40天时间，在瓜皮由白转黄、瓜皮变硬、指甲划入不流液时为成熟标准，且瓜柄活熟不枯。金丝瓜在大棚内可分批采收。露地栽培必须选择晴天在露水干后采收。

图5-8　成熟的金丝瓜

金丝瓜较耐贮藏，在常温下可贮藏3 ~ 5个月，贮藏条件好的可达5 ~ 8个月。

六、佛手瓜

佛手瓜（*Sechium edule Swortz.*）（图 6–1）别名梨瓜、拳头瓜、合掌瓜。

原产于墨西哥、中美洲和西印度群岛，为多年生宿根蔓性草本植物。19 世纪初传入我国，仅在西南、华南地区栽培。佛手瓜的嫩果、嫩茎、叶适宜炒食，可与多种蔬菜、肉食品配制成色香味俱佳的炒菜。目前在长江流域已有一定的栽培面积，北方以山东省栽培面积最大。

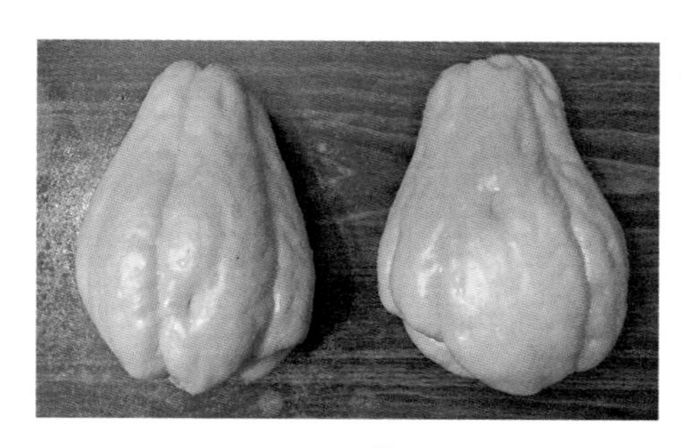

图 6–1 佛手瓜

（一）生物学特性

佛手瓜根系发达，分布范围广，一年生侧根长达 2 米以上，二年生的侧根长达 4 米以上，能产生块根。茎蔓圆形，分枝性强，绿色，蔓长 10 ~ 30 米。除茎基部，每节着生叶、侧枝和卷须。雌雄同株异花，花较小，淡绿或浅黄色，雄花较早着生在子蔓上，雌花多着生于孙蔓上（图 6–2、图 6–3）。主蔓结瓜较迟，每节只生雌花 1 朵，偶有 2 朵或 3 朵。果实长椭圆形，表面粗糙不光滑，果皮有白色和绿色，每果实有 1 粒种子，与果实紧密结

图 6-2 佛手瓜的花

图 6-3 佛手瓜雌花吸引蚂蚁

合不易分离。种子扁平，长 2.5 ~ 5.0 厘米，种皮无控制种子内水分损失的功能，故育苗时需连果实一起播下。

佛手瓜喜温暖的气候，生长适温为 20 ~ 23 ℃，昼夜温差大，生长发育良好，但不耐高温，在温暖而雨水分布均匀的地区可成为多年生植物。佛手瓜为短日照植物，长日照下不开花结瓜。对土壤选择不严格，适应性强，但因植株茂盛，结瓜多，以肥沃、湿润、排水良好的土壤栽培为宜。

（二）类型与品种

在生产上栽培的佛手瓜依据果实颜色可分为绿色种和白色种两种，绿色种结瓜多，产量高。白色种生长势弱，品质优，但结瓜少，产量低。

（三）栽培技术

1. 播种期

佛手瓜喜温而不耐高温。一般适宜的播种期都在 10 月至翌年4月。冬季南方地区利用大、小棚育苗，北方地区以日光温室内育苗。

2. 育苗技术

佛手瓜栽培可以采用种瓜繁殖、光胚繁殖和无性繁殖三种育苗技术。目前生产上都以种瓜繁殖育苗为主。

（1）催芽　佛手瓜果肉较厚，播种后需1个月以上才能发芽，催芽时将种瓜用塑料袋包好，置于15 ~ 20℃的大棚或日光温室内，每天打开塑料袋透气，一般需30 ~ 40天，待种芽伸长4 ~ 5厘米，芽基有多条侧根时即可移进营养钵或直播。

（2）育苗　催芽后，种瓜除春季于终霜后直播外，可在冬季于大棚内或日光温室内培育营养钵大苗。将已出芽的种瓜栽于直径为30厘米的塑料钵或花盆内，每钵1株（图6-4）。移栽后覆盖土5厘米，暂不浇水，营养钵土壤太干时，可适量浇水，切忌对着种瓜浇水，以免霉烂。出苗后保持土壤湿润即可。育苗时温度控制在10 ~ 20℃，并尽量使幼苗在白天见到光照。

佛手瓜在南方温度较高的地区都以催芽后春季直播为主，北方地区大棚日光温室内栽培以育苗后移栽为主，当苗高7厘米以上时就可定植。

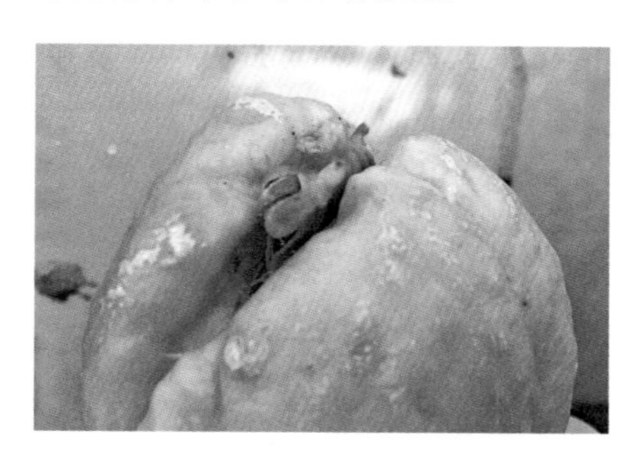

图6-4　出芽的种瓜

3. 定植

定植密度以25 ~ 30穴/亩为宜，定植前1 ~ 2个月按行距4 ~ 6米、株距4 ~ 5米，挖好长、宽、深各1米的定植穴，每穴施入优质半腐熟鸡、鸭、猪粪 100 千克左右，稻壳灰或草木灰 5 ~ 8 千克。播种时将已发芽的种瓜平放，或柄端向下，一半埋入土中，覆土 2 ~ 3 厘米厚，有芽部位朝上露出土面，以免幼芽腐烂，每穴播 1 株。浇足定根水。播种与定植后最好每穴加盖 50 厘米高的小棚，早揭晚盖，有利幼苗的生长。

4. 田间管理

佛手瓜的抽蔓期见图 6–5。

（1）肥水管理　新鲜佛手瓜含水分较多，基本能满足种子发芽所需水分，因此经催芽后播种无需浇水。对移栽的幼苗，除定植时浇足定根水外，1 个月左右可基本不浇水。

图 6–5　佛手瓜的抽蔓期

佛手瓜在 6 月下旬之前生长缓慢，无需追施肥料。7 月后，植株生长速度逐步加快，蒸发量增大，此时应经常浇水保持土壤湿润。开花坐果初期适当控制水分，有利于提高坐果率。开花后，以每株 1.5 千克三元复合肥离根部 50 ~ 60 厘米处四周开沟深施，促进果实生长。

（2）搭架　以水平式棚架为好。佛手瓜分枝性极强，棚架最好在定植前或茎蔓长至 50 厘米左右时及时搭设。棚架一定要牢固，高 1.5 ~ 2.0 米，可用竹竿、木柱、水泥柱或钢管做棚架，上面用铁丝牵拉。在茎蔓长至 1 米时逐步引蔓上架。

（3）整枝 在主蔓长 30 ~ 50 厘米时，进行第 1 次摘心，摘心后留 3 个强势侧蔓，在子蔓离地面约 1 米时再摘心，再各留 2 ~ 3 个孙蔓，促进分枝，增加结瓜数。

（4）老根越冬管理 佛手瓜为多年生作物，一般在当年采收结束，于霜冻之前将瓜蔓离地面保留 10 厘米后全部剪除，并在上面覆盖草木灰、细干土或乱稻草、地膜后可越冬，长江中下游地区应在上面覆盖小棚加草帘后方可越冬。

5. 佛手瓜间作套种

佛手瓜在单位面积内栽培株数较少，佛手瓜的生长前期可与茄果类、甘蓝类、速生绿叶蔬菜、矮四季豆、早毛豆等多种蔬菜间作套种。

（四）病虫害防治

病虫害防治基本原则见黄瓜病虫害防治基本原则。

佛手瓜病害有叶斑病、白粉病、炭疽病、蔓枯病等，但发生较少。防治方法可参见其他瓜类病虫害防治技术。

（五）采收与包装

佛手瓜嫩瓜以开花后 15 ~ 20 天采收较为适宜，此时果实已有 200 ~ 300 克大小，果面呈鲜绿色，纵沟较浅，果皮软嫩，容易划伤。采收时要轻拿轻放。嫩果采收后按果形大小，用纸包好，装入包装箱内上市或贮藏。

嫩茎叶的采收以茎蔓顶端 15 ~ 20 厘米为宜，品质最佳。当茎蔓新长出的枝条有 20 ~ 30 厘米时即可采收，采收长度 15 厘米左右。采收后将嫩茎整理切齐，每 250 克或 500 克扎成一把装箱，运入市场。采收嫩茎叶，每亩产量可达 2 000 ~ 4 000 千克。

佛手瓜耐贮藏。在 10 ℃低温下可贮藏半年以上；在普通冷凉的室温下也可贮藏 2 个月左右。上市前用纸包好后装箱（图 6–6），并注明品种、质量、重量、产地、生产日期。

图 6–6　超市上市的佛手瓜

七、丝瓜

丝瓜（图 7–1）为葫芦科（Cucurbitaceae）丝瓜属（*Luffa*）双子叶一年生攀援草本植物，别名天丝瓜、天罗、蛮瓜、绵瓜、布瓜、天罗瓜、鱼鲛、天吊瓜、纯阳瓜、天络丝、天罗布瓜、洗锅罗、天罗絮、纺线、菜瓜、水瓜、缣瓜、絮瓜、砌瓜、坭瓜等。

起源于亚洲热带地区，原产于印度。丝瓜分普通丝瓜 [*Luffa cylindrical*（L.）M.J. Roem.]、圆筒丝瓜；有棱丝瓜 [*Luffa acutangula*（L.）Roxb.]、棱角丝瓜、胜瓜等。普通丝瓜在我国大江南北均有栽培，有棱丝瓜主要在华南栽培。丝瓜栽培较为简单，适宜保护地栽培和间作套种等多种栽培方式。目前已基本形成了四季生产、周年供应的栽培技术体系。

图 7–1　丝瓜

丝瓜中含防止皮肤老化的B族维生素、增白皮肤的维生素C等成分，能保护皮肤、消除斑块，使皮肤洁白、细嫩，是不可多得的美容佳品，故丝瓜汁有“美人水”之称。丝瓜以食用嫩瓜为主，蛋白质含量高于冬瓜、黄瓜，有清热化痰、凉血解毒等医疗保健功能，肉质滑嫩、柔软、口味清香。

（一）生物学特性

丝瓜根系发达，侧根再生能力强，主根入土可达1米以上。一般分布在30厘米左右深的土壤中，茎节易生不定根，肥水吸收能力强。茎蔓生，绿色，5棱，生长势旺，主蔓长达8 ~ 10米，分枝力强，二级分枝发生较少。每节有卷须。叶为掌状裂叶形或心脏形，叶片大，色深绿，单叶互生，叶脉清晰，密生茸毛。雌雄同株异花，花冠黄色，雌花单生（图7–2）。果实为瓠果，短圆筒形或长圆柱形，果面有棱或无棱。嫩瓜表面光滑或有细皱纹，密被茸毛，果皮绿色或有深绿色纵条纹。果肉淡绿白

图7–2　丝瓜的雌花

色，老熟后变为褐色和黑褐色，种子椭圆形，扁平而光滑，灰白色或黑色，普通丝瓜种子边缘有翅，有棱丝瓜种子厚，边缘无翅。

丝瓜喜较高温度，耐热性强。生长适宜温度为 18 ~ 24 ℃，在 30 ℃以上也能正常生长。开花坐果期需较高温度，以 25 ~ 30 ℃为适宜。幼苗期低于 10 ℃时生长受到抑制。丝瓜属短日照作物，在短日照条件下，有利于雌花形成和降低着生节位；在长日照条件下，雌花和雄花节位提高。丝瓜耐湿性好，是瓜类蔬菜中最耐潮湿的作物，在受涝后仍能正常生长。同时因其根系发达，具有较强的抗旱能力，但在干旱环境下，丝瓜容易变老。丝瓜的适应性广，对土壤和肥料要求不严格，在疏松肥沃的土壤中生长良好。

（二）类型与品种

华南地区栽培有棱丝瓜较多，其他地区都以栽培普通丝瓜为主（图 7–3）。

图 7–3　普通丝瓜

（1）江蔬1号　江苏省农业科学院蔬菜研究所选育（图7–4）。早熟。耐低温，生长势旺。以主蔓结瓜为主，每个节位有3～5朵雌花，连续坐果能力强。瓜条呈长棒形，条形直，粗4～5厘米，长40～50厘米。皮色绿，皮薄，果肉绿白色，肉质细软，纤维较少，略甜。适宜保护地和露地栽培。

图7–4　江蔬1号

（2）五叶香丝瓜　江苏省姜堰地区的地方丝瓜品种（图7–5）。早熟，一般从第5节位开始坐瓜，果实圆柱形，长26厘米左右，肉厚，有弹性，果实有香味，耐储运，商品性好，适合早春保护地栽培和露地栽培。

图7–5　五叶香丝瓜

（3）六叶香丝瓜　上海市优良地方品种。早熟。生长势强。以主蔓结瓜为主，第1雌花着生于主蔓第6节，连续结果能力强。瓜条呈圆柱形，粗细均匀，长30～35厘米，嫩果皮色绿，粗糙并有绿色斑点，果肉厚，具有香味，品质佳，肉质柔嫩但易纤维化。

（4）早优1号肉丝瓜　长沙市蔬菜研究所选育。极早熟。主蔓结瓜为主，第1雌花着生于主蔓第5～8节，连续结果能力强。瓜条圆筒形，瓜皮绿色，果肩稍突起，果面粗糙被蜡粉。瓜长30厘米左右，横径6～7厘米，瓜肉致密，品质佳。单瓜重600克以上。

（三）栽培技术

1. 播种育苗

除保护地栽培对播种期要求严格外，其他春、夏、秋露地栽培的适宜播种时间较长，一般以当地终霜前30天左右育苗和终霜后直播，可持续至7月上中旬。

丝瓜在保护地栽培时都以大苗移栽为主。春季育苗，在长江流域及华北地区都在大棚或日光温室内采用电热温床营养钵育苗和穴盘无土育苗技术，华南地区则在大棚或小棚内以普通不加温苗床营养钵育苗。

2. 定植

丝瓜根系发达，对土壤环境条件要求不严，但还是以肥沃疏松土壤种植丝瓜容易获得优质高产。丝瓜栽培要求选择远离污染源、排水畅通、土壤通透性好、有机质含量高的田块。丝瓜定植时适宜的壮苗标准：植株三叶一心至四叶一心，株高15～20厘米，茎粗0.3～0.4厘米，叶片平展，叶色嫩绿，根系发达，无病虫害。

当棚内或露地地温达 12 ℃以上时，即为大棚早熟栽培和春露地适宜定植期。大棚、小棚早熟栽培和早春露地栽培都以大苗定植为主。定植时密度：大棚早熟栽培的，可采用早熟品种，双行定植，株距 50 厘米，行距 60 厘米，每亩栽 1 000 ～ 1 200 株。小棚及春露地栽培的，可采用中晚熟品种，以双行或单行定植，双行株距 50 厘米，行距 60 厘米；单行株距 50 厘米，行距 2 米，每亩栽 600 ～ 1 000 株；定植时宜浅栽，一般将营养钵埋入穴内，上盖 1 ～ 2 厘米细土即可，然后浇足定根水。保护地栽培的，覆盖小棚增温保湿，以利缓苗。

晚春及夏秋露地栽培的，都以直播为主，双行播种，株距 50 厘米，每穴播 2 ～ 3 粒种子，浇足播种水，并覆盖遮阳网，降温保湿促齐苗。出苗后揭除遮阳网，以免高温弱光照引起徒长苗。2 片子叶平展后及时间苗定棵。长江中下游地区，多采用钢架大棚上架栽培，并在大棚中间套种其他叶菜类蔬菜（图 7–6）。

图 7–6　丝瓜套种红苋菜

3. 田间管理

（1）春季大棚早熟栽培 丝瓜大棚早熟栽培定植时外界气温仍较低，定植后的 3 ～ 5 天密闭小棚，使小棚内保持较高温度和湿度，白天控制在 30 ℃以上，夜间不低于 18 ℃，增温保湿促缓苗。待缓苗期结束，逐步通风降温至 25 ～ 28 ℃，夜间不低于 15 ℃。当外界平均气温达 20 ℃以上时，即可拆除小棚。在晴好天气时，对大棚要适时通风降温，防止高温烧苗。缓苗结束后中耕松土 1 ～ 2 次，有利于增温保湿，促进根系生长。

丝瓜根系发达，生长旺盛，连续结瓜能力强，必须保持充足的肥水才能获得早熟、优质、高产。丝瓜追肥，应前轻后重，以保持前期不徒长、中期稳得住、后期不早衰为原则。一般在缓苗结束后追施发棵促藤肥，可用 30% 腐熟粪水或每亩兑水浇施 15 ～ 20 千克三元复合肥。进入开花结瓜期后施好坐果肥，每亩用 25 ～ 30 千克三元复合肥兑水浇施或在离根部 15 ～ 20 厘米处深施后浇水。随着连续结瓜、采收，追肥必须以少量多次为原则，并与水分管理相结合，经常保持土壤湿润。

大棚早熟栽培的丝瓜，密度高，通风透光差，当丝瓜植株长到 30 厘米左右时就可搭架。为减少养分消耗，提高产量，要及时整枝，一般将主蔓上第 1 雌花出现前的侧蔓全部摘除，以后将主蔓上过多的侧蔓和细弱染病的侧蔓摘除。可在丝瓜花萼处加吊重物（图 7–7），使得果实条形美观，提高商品性，同时加大棚内通风透光量，减少病虫害。

丝瓜为异花授粉，虫媒花。大棚内生长，前期气温低，昆虫活动少，需人工辅助授粉。授粉一般于早晨进行，将雄花去除

图 7-7　丝瓜加吊重物

花瓣，把花粉涂到雌花柱头上即可。随着气温升高，大棚四周通风口加大，昆虫活动也增加，进入生长中后期后就无需人工辅助授粉。

（2）夏秋露地栽培　夏秋露地栽培丝瓜，正值高温多雨季节，一般丝瓜生长势较弱，且生育期短。为达到优质、高产，必须以合理密植、加强肥水管理、一促到底为原则。

夏秋丝瓜栽培，以 1 米宽平畦双行直播，株距 25 ~ 30 厘米，每亩栽 2 000 株左右。

在出苗后于 2 片子叶期及时间苗、定棵，进行浅松土，并用 10% 腐熟粪水浇一次提苗肥。2 ~ 3 片真叶期后施一次发棵促藤肥，用 30% 腐熟粪水浇施或每亩用 10 ~ 15 千克磷酸二铵兑水浇施。进入开花坐果期后施足坐果肥，以每亩用 25 ~ 30 千克三元复合肥兑水浇施。在采收盛期，每间隔 7 天用 20% 腐熟粪水浇施一次，防止中后期植株早衰，降低丝瓜品质和产量。

夏秋丝瓜在植株出藤后，应及时用细竹竿搭“人”字形架，引蔓上架（图 7-8）。对在第 1 雌花开放前的侧蔓全部摘除，雌花开放后留少量强势侧蔓，到生长中后期基本不整枝，同时夏、秋露地栽培丝瓜，田间杂草多，病虫害多，要及时去除杂草，清洁田园，尽量减少病虫害发生源。

图 7-8　夏丝瓜露地栽培

（四）病虫害防治

1. 病虫害防治基本原则

参见黄瓜病虫害防治基本原则。

2. 丝瓜病害

（1）绵腐病　在长江流域及其以南地区发生较重。该病菌腐生性强，在土壤中可长期存活。病菌主要靠风雨、灌溉水及带菌有机肥传播。结瓜期连续阴雨、湿度大时易发病。

防治方法：采用高畦地膜覆盖栽培，田间灌排水畅通，防止雨涝渍害，避免瓜条与地面接触，加强通风降湿。发病初期使用药剂防治，可采用 25% 甲霜灵可湿性粉剂 800 ~ 1 000 倍液或 15% 恶霉灵水剂 500 ~ 800 倍液或 72% 克露可湿性粉剂 800 ~ 1 000 倍液喷施，7 ~ 10 天 1 次，连续防治 2 次。

（2）其他病害　丝瓜猝倒病、疫病、霜霉病、炭疽病、白粉病、病毒病等防治方法参见黄瓜病害防治技术。

3. 丝瓜虫害

（1）瓜绢螟　对夏秋丝瓜危害较重，在长江流域全年发生5 ~ 6代，7—10月为危害高峰期。

防治方法：清洁田园，销毁残枝枯叶，消灭虫源。对低龄幼虫用10%氯氰菊酯、2.5%功夫菊酯等交替防治。

（2）其他虫害　有瓜蚜、白粉虱、美洲斑潜叶蝇等，防治方法参见黄瓜虫害防治技术。

（五）采收与包装

丝瓜一般于开花后10 ~ 12天采收嫩瓜，适宜采收标准：花冠开始干枯，果梗光滑，茸毛较少，果皮有柔软感。始收初期，2 ~ 3天采收1次。采收宜在早晨和上午9时前进行，用剪刀齐果剪下，置于采收筐内。要防止机械损伤、泥土污染果皮，影响商品瓜质量。

丝瓜在分级包装时要选择符合品种特征、瓜条匀称、鲜嫩色青、无机械损伤、无腐烂斑、无病虫害斑的瓜装箱。装箱后应注明品种、质量、重量、产地、日期（图7–9）。

图7–9　超市包装销售的丝瓜

八、苦瓜

苦瓜（*Momordica charantia* Linn.）（图 8-1）别名癞葡萄、癞瓜、癞蛤蟆、锦荔枝、凉瓜。

为一年生蔓生草本植物。原产于亚洲热带地区，日本、印度等国栽培历史悠久。我国自明代初年开始种植。在华南地区和四川、云南、湖南等地栽培普遍。长江中下游地区和北方地区近几年来发展迅速，已成为夏、秋季节特色蔬菜。

图 8-1　苦瓜

（一）生物学特性

苦瓜根系发达，侧根多，根群分布宽达 1.3 米以上，深度可达 30 厘米以上。茎蔓生，5 棱，浓绿色且被茸毛，主蔓各节发生子蔓，子蔓各节发生孙蔓，茎叶繁茂，各节除腋芽外，还有花芽和卷须。叶互生，掌状深裂，具5条放射状叶脉，叶柄长，黄绿色有沟。花为单性，雌雄同株异花，雄花花瓣5片，黄色。雌花5瓣，黄色（图8–2）。上午8—9时开花。果实为浆果，表面有多数高低不一的瘤状突起，果形有纺锤形、长圆锥形及圆筒形等，果皮有浓绿色、绿白色、白色等，老熟时黄色。种子盾形、扁平，淡黄、土黄色或黑色，种皮较厚，表面有花纹，每果含有种子20 ~ 30粒，千粒重150 ~ 180克。

图8–2　苦瓜的花

苦瓜喜温不耐寒，种子发芽适温为30 ~ 35℃，幼苗生长适温为20 ~ 25℃，开花坐果期适温为25 ~ 30℃。日照充足时结果率高。苦瓜属短日照植物，喜光不耐阴，光照不足，苗期会降低对低温的抵抗力，坐果期引起落花落果。苦瓜耐肥不耐瘠，需充足的基肥和追肥。耐湿不耐涝，生长期间需经常保持土壤湿润而不积水。

（二）类型与品种

我国南方地区苦瓜品种资源丰富，且近年来育成新品种较多。苦瓜按果皮色泽可分为绿皮种和白皮种（图8–3）。依果面瘤状突起可分为珍珠状突起、肋条状突起、珍珠与肋条状突起。

图 8-3　白皮苦瓜

依果形可分为长纺锤形、短纺锤形、长圆筒形、橄榄形、长球形、长条形、平肩形或尖顶形。依果型大小可分为大果型和小果型。

（1）蓝山大白苦瓜　湖南省蓝山县地方品种。早熟，耐热，生长势强，从定植到采收约需 60 天。果实长圆筒形，果面瘤状突起明显，色泽乳白，长 30 ~ 50 厘米，横径 6 ~ 8 厘米，肉质厚，苦味轻。单瓜重 0.5 ~ 1.0 千克。适宜春、秋露地栽培。

（2）碧绿苦瓜　广东省农业科学院蔬菜研究所育成。植株在坐果前期生长势旺盛，分枝少。果实为长圆形，长 25 ~ 28 厘米，横径 3 ~ 6 厘米，肩平，肉厚，色泽浅绿有光泽，条瘤粗直，瓜形美观，品质优良。单瓜重约 290 克。

（3）泸丰2号　四川省农业科学院育成。中熟。植株生长旺盛，分枝能力强。主侧蔓雌花多，挂果能力强，可连续结瓜，第1雌花着生于主蔓第10～13节。瓜粗长条形，绿白色，果面瘤状突起，外形美观，商品性好，长20～35厘米，横径4.5～6.5厘米，肉质脆、苦味适中。单瓜重250～650克。适宜四川、重庆等相似生态区种植。

（4）白沙早丰3号　广东省汕头市白沙蔬菜原种研究所育成。早熟。丰产。植株生长势旺，分枝适中，第1雌花着生于主蔓第9～11节，雌性强，易结瓜。瓜长20厘米，肩宽8厘米，圆锥形，瓜形美观，瘤状突起肥大，果皮浅绿色，富有光泽，肉厚1.5厘米，苦味适中，品质优。单瓜重约500克。适于华南地区春季及夏季栽培。

（三）栽培技术

1. 播种育苗

苦瓜适应性广，在我国大部分地区都以露地栽培为主，近几年来随着设施栽培技术的不断提高，苦瓜保护地栽培面积发展很快，苦瓜周年生产供应成为可能。各地气候条件不同，其栽培方式和适宜播种期有一定差异。

苦瓜在早春育苗时，宜采用直径为10厘米的营养钵育苗和50孔穴盘育苗。

苦瓜种皮坚硬，浸种前将精选过的种子选晴天晒1天后用清水洗净，倒入50～55℃温水中保持10～15分钟，并不停搅拌至30℃左右时保持水温3～4个小时，捞出用湿毛巾包好，置于

30 ~ 35 ℃的恒温箱内催芽，一般 36 小时后露芽即可播种。

苦瓜定植时幼苗苗龄为三叶一心或四叶一心，株高 15 ~ 20 厘米，茎粗 0.4 ~ 0.5 厘米，节间短，子叶完好，真叶平展略上翘，叶片厚，叶色绿，无病虫害斑，根系发达。

2. 定植

苦瓜对土壤要求并不严格，栽培田块最好为水旱轮作，间隔 2 年以上，并且符合无公害蔬菜对产地环境的要求。冬季深耕冻垡。作畦之前每亩施优质腐熟有机肥 4 000 千克和三元复合肥 30 ~ 40 千克，为苦瓜丰产打下良好肥料基础。基肥必须与土壤充分混合。春季大棚早熟栽培，定植前 15 ~ 20 天扣膜，升高棚内地温。苦瓜栽培作畦，一般畦高 20 ~ 25 厘米，净畦宽 1.0 ~ 1.2 米，畦间走道宽 50 厘米。

苦瓜定植时间应依各地栽培方式与气候条件而定。长江中下游地区大棚早熟栽培的一般于 3 月上中旬定植；春露地栽培的一般于 4 月中下旬定植。苦瓜多用平畦双行定植，株距 40 ~ 50 厘米。定植不宜太深，以幼苗子叶稍高出畦面 0.5 ~ 1.0 厘米为宜，并浇足定根水。春季大、小棚早熟栽培定植后要及时覆盖小棚。夏、秋栽培苦瓜，最好浸种催芽后直播。

3. 田间管理

（1）春季大棚早熟栽培　苦瓜春季大棚早熟栽培，定植后至缓苗前密闭小棚增温保湿促缓苗发棵，棚温白天控制在 30 ℃左右，夜间控制在 15 ~ 20 ℃。缓苗后逐步通风降温至白天 25 ~ 30 ℃，夜间不低于 15 ℃。晴好天气时，对小棚膜早揭晚盖，有利于提高光合效能。随着外界气温升高，增加大棚通风量，在外界气温升高至20℃左右时拆除小棚。只要温度适宜，就可昼夜通风。当外界气温稳定至25℃以上时，即可揭除大棚膜，使苦瓜茎蔓上棚架任意生长。

苦瓜喜肥，生长速度快。在施足基肥的条件下，定植缓苗后应追施发棵肥，每亩用20%～30%腐熟粪水浇施或用10～15千克尿素兑水浇施，以后适当控制肥水，防止徒长。开花坐果后，每亩用20～25千克三元复合肥兑水浇施，促进果实生长。以后每间隔15天左右根据植株长势追肥一次，每次每亩用15千克三元复合肥兑水浇施，以防止植株早衰和延长采收时间。苦瓜生长势旺盛，需水量较多，大棚栽培定植浇足定根水后至开花坐果前，以保持土壤见干见湿为宜。土壤湿度不足，应适当补水，一次浇水量不宜太大，以免降低地温，影响根系生长。进入开花坐果期后，要保持土壤湿润，在晴天时一般4～5天浇水1次，保证植株坐果后有充足水分，满足果实迅速膨大。但切忌大水漫灌，以免田间积水，引起渍害。

苦瓜定植缓苗后，待畦面土壤稍干要及时中耕，有利增温、保湿、通气，促进根系生长。第2次中耕在间隔10～15天进行，同时对根部培土。中耕宜浅不宜深，以免损伤新根。苦瓜茎蔓生长旺盛，一般都以搭架栽培为主，尤其在大棚内可充分提高通风透光量，有利植株的生长发育和开花坐果。大棚栽培苦瓜，在拆除小棚后要及时用较粗的竹竿搭成“人”字形架，架间距离20～30厘米。搭架一定要牢固，以免被茂盛的茎蔓压垮，也可以在栽培行上面利用大棚骨架牵引一根细铁丝，然后用尼龙绳吊挂引蔓上架。引蔓上架时每隔30～50厘米绑蔓。

整株苦瓜分枝能力强，侧蔓过多会造成营养生长太旺，消耗过多养分，影响坐果率和商品性。因此在引蔓上架的同时将主蔓50 ~ 70厘米以下的侧蔓全部摘除，然后选留强势侧蔓结瓜，坐果后留2 ~ 3片叶摘心。主蔓连续结瓜时应适当疏果。每隔2 ~ 4个节位留1条瓜，同时摘除所有弱势侧蔓和病残叶、老叶、畸形果，以利通风透光，减少养分消耗。

春季大棚早熟栽培苦瓜，在开花坐果期需每天上午进行人工辅助授粉。随着温度升高，大棚四周通风口昼夜开放后，通风量增大，昆虫活动增多，即可任其自然授粉。

（2）春季苦瓜露地栽培 苦瓜露地栽培，应在不同生育期多次追肥，满足其生长势旺盛、生育期长的养分需要。在定植缓苗后追施第1次肥料，用30%腐熟粪水追施或每亩用10 ~ 20千克尿素兑水浇施，促进茎蔓生长。第2次在主蔓叶片数达12片左右时根据植株长势，每亩用15 ~ 20千克三元复合肥兑水浇施，长势强的少施，使植株间生长平衡。第3次在雌花坐果后，每亩追施三元复合肥30千克左右，以利坐果和果实迅速膨大。进入采收盛期后，每采收1 ~ 2次瓜后可结合浇水根据长势适量追施尿素或三元复合肥。

露地栽培苦瓜，定植后3 ~ 4天应浇一次缓苗水，以后适当控苗，直至开花坐果前，以少浇水多中耕为宜。第1次中耕在缓苗后畦面土壤稍干时进行，有利于提高地温，促使幼苗根系发育良好。第2次在间隔10天后进行。第3次在搭架前，结合根部培土进行中耕除草，使土壤保持上干下湿，增加透气性。中耕宜浅不宜深，以免损伤新根。进入开花坐果期后，要经常保持田间土壤湿润，但不能积水。

茎蔓长至30厘米左右时用较粗的细竹竿搭成“人”字形架，逐步引蔓上架，以后间隔30 ~ 50厘米绑蔓。同时进行整枝，将离地30厘米左右基部的侧蔓全部摘除。主蔓不摘心，促使主蔓和上部侧蔓结果，对上部强势侧蔓在坐果后保留2 ~ 4片叶摘心，及时摘除弱势无效侧蔓。

（3）夏秋苦瓜露地栽培 夏秋苦瓜在南方地区有一定的栽培面积。在栽培前期处于高温季节，植株长势相对较弱，且病虫害发生严重，在生长中后期温度下降，影响果实膨大。因此栽培夏秋苦瓜必须选择耐热、抗病和生长势强的品种。定植前施足基肥，深沟高畦，适当密植，以催芽后直播为宜。出苗后轻施提苗肥，2 ~ 3片真叶至5 ~ 6片真叶期注意施肥促发棵和促茎蔓生长。开花坐果期前因温度较高，浇水应于早晚进行，以轻浇勤浇为宜。雌花开放坐果后，要加大肥水用量，每亩用30千克左右三元复合肥兑水浇施作为坐果肥。在采收盛期，每次采收后以不浇白水为宜，可用20%腐熟粪水浇施，以延长采收期，提高产量。

（4）日光温室冬春茬苦瓜栽培 该茬口以北方地区为主。应选择早熟、生长势强、耐低温弱光照的品种。以育苗后定植为主，定植时间在10月下旬至11月上旬。小高畦地膜覆盖单行定植，行距80 ~ 90厘米，株距30厘米，每亩种植2 000 ~ 2 200株。定植后浇足定根水，然后密闭棚室，提高温度（图8–4）。

日光温室冬春茬苦瓜栽培关键在于温度控制。棚内温度白天保持在25 ℃左右，夜间不低于15 ℃。开花坐果期，棚内温度白

图 8-4　苦瓜温室搭架栽培

天不能低于 25℃，夜间控制在 15 ~ 17℃。

苦瓜幼苗定植后前期生长量较小，可适量浇 10% ~ 20% 腐熟粪水 1 ~ 2 次，并在定植穴周围浅松土，促进幼苗发根发棵。在生长前中期，可以每隔 7 ~ 10 天用 0.3% 磷酸二氢钾溶液或其他叶面肥料喷施，提高植株耐寒性和抗逆性。进入开花坐果期后应加大施肥量，分别在坐果初期、采收盛期每亩用 25 ~ 30 千克三元复合肥兑水浇施。以后根据长势 10 天左右施一次肥水。

苦瓜在日光温室内利用棚架吊挂尼龙绳引蔓上架。整枝时将植株 70 厘米以下侧蔓全部摘除，确保主蔓和上部侧蔓结瓜。日光温室栽培苦瓜需进行人工授粉，授粉时间在晴天上午进行，以提高坐果率。

（四）病虫害防治

1. 病虫害防治基本原则

参见黄瓜病虫害防治基本原则。

2. 苦瓜病害

苦瓜耐热，生长势强，一般病害发生较少。可参见黄瓜病害的防治技术。

3. 苦瓜虫害

（1）瓜实蝇　成虫以产卵管刺入幼果表皮内产卵。幼虫孵化后即钻进瓜内取食。受害瓜先局部变黄，之后全瓜腐烂变臭，大量落瓜。

防治方法：一是毒饵诱杀成虫。用香蕉皮或菠萝皮（也可用南瓜、番薯煮熟经发酵）40 份，90% 晶体敌百虫 0.5 份（或其他农药），香精 1 份，加水调成糊状毒饵，直接涂在瓜棚篱竹上或装入容器挂于棚下，每亩田 20 个点，每点放 25 克，诱杀成虫。二是套袋防虫。将幼瓜套纸袋或塑料袋（图 8-5）。三是药剂防治。在成虫盛发期喷洒 25% 溴氰菊酯、50% 地蛆灵防治。中午或傍晚喷药效果较好。

图 8-5　温室苦瓜套袋栽培

（2）其他虫害　主要有蚜虫、瓜绢螟、白粉虱等，可参照其他瓜类虫害防治。

（五）采收与包装

苦瓜自开花后 12 ~ 15 天为适宜采收期。采收标准：苦瓜果实充分长大，果面瘤状突起明显、饱满，花冠干枯脱落，青皮苦瓜色泽光亮；白皮苦瓜前半部色泽由绿转变为白绿，色泽光亮。苦瓜采收时留 1 厘米瓜柄用剪刀剪下。采收应在晴天上午露水干后或傍晚时进行（图 8–6）。

图 8–6　白皮种苦瓜适宜采收标准

采收后剔除有机械损伤和病虫害斑的果实，然后依果形大小、色泽分级，整齐排放于硬质纸箱内，每一包装箱重 20 千克左右，并注明品种、质量、重量、产地、生产日期。同时，作为无公害生产的苦瓜，在产地可选择瓜条整齐匀称，果面洁净的新鲜苦瓜，每 400 ~ 500 克为一小包装，用保鲜膜包装后，贴上商标，注明品种、质量、重量、生产日期、产地，进入净菜超市（图 8–7）。

图 8–7　菜场销售的苦瓜

九、节瓜

节瓜（*Benincasa hispida* Cogn.）（图 9-1）别名毛瓜，是冬瓜的一个变种。

20 世纪 90 年代，国内其他地区将节瓜作为特色蔬菜引种栽培，现已得到较快发展。节瓜以食用嫩瓜为主，其肉质致密，酥而不烂，品质柔滑，适宜作炒菜和做汤。老熟瓜可替代冬瓜，炖、扒、煮作汤菜。节瓜果形小，十分适应现代家庭的消费需求。

图 9-1　节瓜

（一）生物学特性

节瓜为一年生蔓生草本植物，根系发达，侧根分布面广。茎蔓生，5 棱，被茸毛，分枝力强，茎叶繁茂。叶掌状，5 ~ 7 裂，绿色，叶缘有小缺刻。叶面与叶柄均被茸毛。花单生，雌雄同株异花，花瓣黄色，先有雄花，后发生雌花（图 9-2）。第 1 雌花着生于主蔓第 5 ~ 8 节，以后间隔数节出现雌花，也有连续两节或多节出现雌花。

节瓜喜温，生长适温为 20 ~ 30 ℃，低于 15 ℃生长缓慢。30 ℃时种子发芽快，幼苗期以 20 ℃左右适宜，可短时间忍受较低或较高温度。开花坐果期以 20 ~ 30 ℃有利。各个生育期都需要良好的光照。节瓜耐湿不耐涝，土壤适应性广，但以排水良好的沙壤土和黏壤土为宜。

图 9-2　节瓜的花

（二）类型与品种

节瓜在华南地区品种较多，依据果形可分为短圆柱形（图 9-3）和长圆柱形，色泽有青绿色、浅绿色或绿色。根据适应性可分为早熟、中熟、晚熟品种和耐低温、耐高温品种。在生产上都依照适应性选择适宜不同季节的栽培品种。

（1）菠萝节瓜　广州市地方品种。早熟。生长势强，侧蔓

图 9-3　短圆柱形节瓜

多。第 1 雌花着生于主蔓第 5 ～ 6 节，以后每隔 3 ～ 4 节着生雌花。果实短圆柱形，长 18 ～ 23 厘米，横径 17 厘米，色泽浅绿，有浅黄斑点，被茸毛，肉质致密，白色。单瓜重 500 克左右。

（2）江心节瓜　广东省顺德区地方品种。中晚熟。生长势强，侧蔓较多。第 1 雌花着生于主蔓第 13 ～ 15 节，以后每隔 4 ～ 5 节着生雌花。果实圆柱形，长 18 ～ 20 厘米，横径 7 ～ 8 厘米，色泽深绿有绿白色斑点，肉厚致密。单瓜重 500 克左右。

（3）梧州毛节瓜　广西省梧州市地方品种。早熟。生长势及分枝力强，第 1 雌花着生于主蔓第 8 ～ 10 节，主侧蔓均可结瓜。果实短圆柱形，长约 25 厘米，横径约 6 厘米，色泽青绿有白色斑点，被长硬茸毛。单瓜重 700 克左右。

（4）南宁毛节瓜　广西省南宁市地方品种。早熟。生长势强，侧蔓多，主侧蔓均可结瓜。第 1 雌花着生于主蔓第 7 ～ 9 节。果实短圆柱形，长约 23 厘米，横径约 6.2 厘米，色泽浅绿有白色斑点，被茸毛，品质好。单瓜重约 650 克。

（三）栽培技术

1. 播种育苗

节瓜的适宜播种期，在华南地区可以露地春、夏、秋三季栽培，育苗时间分别是春季 12 月下旬至 2 月中下旬，夏季 3—5 月，秋季 6—8 月。长江中下游地区及其他地区以春季露地栽培为主，在 3 月中下旬至 4 月上中旬育苗；北方地区适当推迟，春季大棚早熟栽培于 1 月下旬至 2 月上旬育苗。

春季栽培节瓜都以育苗后移栽为主。晚春及夏秋栽培节瓜以催芽后直播为主。

节瓜春季育苗后以大苗定植为宜。适宜苗龄：具 3 ～ 4 片真叶，子叶完好，株高 15 厘米左右，茎粗 0.4 ～ 0.5 厘米，叶片平展略上翘，叶色嫩绿，无病虫害，根系发达。

2. 定植

选择通风良好、灌排畅通、肥沃、疏松的田块。于定植前一个月深翻晒垡。节瓜生长旺盛，坐果多，生育期长，需肥量较大，每亩应施优质腐熟农家肥 3 000 ～ 4 000 千克、复合肥 30 ～ 40 千克。与土壤充分混合后作畦。节瓜露地栽培，一般净畦宽 1.2 米，畦高 15 ～ 20 厘米。大棚早熟栽培，净畦宽 1 米，畦高 15 ～ 20 厘米，在 6 米宽标准大棚内作南北向畦 3 条，并在定植前 15 天扣膜，升高棚内地温。

春季大棚早熟栽培节瓜，在长江中下游地区一般于 3 月上中旬定植，春露地栽培在终霜后定植或直播。大棚栽培为双行定植，株距 50 厘米，每亩种植 1 100 ~ 1 200 株；露地栽培双行定植时，株距 30 厘米，每亩种植 1 600 ~ 1 800 株。

3. 田间管理

（1）春季大棚早熟栽培 春季大棚早熟栽培，在生长前期应增温保湿促发棵，中期控制肥水防徒长，开花坐果期重施肥料促果实迅速膨大，后期适当追肥防早衰。

温度定植后至缓苗前 5 天以密闭大棚增温保湿为主，促进缓苗发棵。温度白天控制在 30 ℃左右，夜间控制在 15 ~ 18 ℃，为防止夜温过低，对小棚要加盖草帘等保温物。缓苗期结束后，通风降温至白天 25 ℃左右，夜间不低于 15 ℃。以后随着外界温度升高，要增加大棚四周通风量，使棚内温度保持在 20 ~ 30 ℃，避免高温引起徒长。

春季大棚早熟栽培节瓜，前期生长缓慢，需肥量较小，中后期生长势旺，茎叶茂盛，需肥量急剧增加。但在开花坐果前必须控制施肥水平，以防茎叶疯长，影响开花坐果，一般在定植缓苗后每亩用 20% ~ 30% 腐熟粪水浇施 1 次即可。开花坐果后每亩用 25 ~ 30 千克三元复合肥兑水浇施，以利果实迅速膨大。

进入采收期后为利于后续结果和防止植株早衰，每采收 1 ~ 2 次，必须根据植株长势追施肥水 1 次，每亩用 10 ~ 15 千克三元复合肥兑水浇施。

春季大棚栽培节瓜，宜搭“人”字形架爬蔓。蔓长 30 ~ 40

厘米时压蔓1次，及时搭架，引蔓上架，间隔40 ~ 50厘米绑蔓。节瓜主侧蔓都能结瓜，以主蔓结瓜为主。在引蔓上架的同时，对1米以下的侧蔓全部摘除，使养分集中供应主蔓，保证主蔓结果。在主蔓中上部可保留3 ~ 4条强势侧蔓，有利于增加后期产量。春季大棚早熟栽培节瓜，坐果前期温度低，棚内昆虫活动少，必须在每天上午进行人工辅助授粉。以后随温度升高，棚内四周通风口开启，可任其自然授粉。

（2）春季露地栽培　春季露地栽培节瓜（图9–4），定植后生育期长达80 ~ 100天，需肥量较大，在施足基肥的条件下，一般追肥3 ~ 4次。第1次在缓苗结束后具5 ~ 7片叶时施好发棵促藤肥，用20% ~ 30%腐熟粪水浇施；第2次于雌花开放坐果后每亩用30 ~ 40千克三元复合肥兑水浇施，也可在离根部15 ~ 20厘米处深施后浇水；第3次在采收中期每亩用20千克三元复合肥兑水浇施；以后根据植株长势间隔10天左右用腐熟

露地栽培

成熟果局部

图9–4　春季露地栽培节瓜

粪水追肥 1 次，保持中后期植株长势稳健，延长采收期，增加产量。

在水分管理方面，定植后浇 1 ～ 2 次缓苗水，以后适当控制浇水量。土壤太干时，也以适量少浇为宜，促进根系扎深。在缓苗期结束、土壤畦面稍干时进行浅中耕松土，使土壤畦面保持上干下湿，增温保湿，促进植株生长稳健，以后 7 ～ 10 天松土 1 次，在搭架前结合培土进行最后一次中耕。开花坐果后保持土壤经常湿润，3 ～ 5 天浇水 1 次。长江中下游地区 6 月中旬进入梅雨期，对节瓜栽培田块应及时清沟整理，排除田间积水，以防雨涝渍害。梅雨过后进入高温季节，要进一步加强田间水分管理，早晚浇水，也可放跑马水沟灌。

图 9-5　节瓜春季大棚上架栽培

春季露地栽培搭架（图 9-5）和整枝方式与春季大棚早熟栽培相同。

（四）病虫害防治

1. 病虫害防治基本原则

参见黄瓜病虫害防治基本原则。

2. 节瓜病虫害

节瓜幼苗期以防治猝倒病为主，成株期以防治疫病、白粉病、霜霉病、绵腐病、枯萎病等为主，防治方法见其他瓜类病害防治方法；节瓜虫害主要有蚜虫、红蜘蛛、白粉虱、美洲斑潜叶蝇等，防治方法参见其他瓜类虫害防治。

（五）采收与包装

节瓜在开花后 7 ~ 10 天、单瓜重 200 ~ 500 克即可采收嫩果（图 9–6），出口采收标准以 150 ~ 200 克为宜。在开花后 30 天以上采收老熟果，让其在植株上充分成熟后，即瓜皮色泽转为灰白色、被满蜡粉时采收。节瓜采收时保留 1.0 ~ 1.5 厘米瓜柄后用剪刀剪下。宜在上午露水干后采收。采收时要避免碰伤果面，影响商品外观。

图 9–6　适宜采收的嫩节瓜

节瓜采收后根据不同品种特性，按果形、大小、色泽分拣，同时剔除机械损伤果、病虫害果和腐烂果，进行分级包装。包装容器以干燥、整洁、无硬钉的硬质纸箱为宜，包装后注明品种、质量、重量、产地、生产日期等。然后进入市场（图 9–7）或入库贮藏。

图 9–7　超市上架销售的节瓜

十、西瓜

西瓜 [*Citrullus lanatus*（Thunb.）Matsum. et Nakai.] 为葫芦科（Cucurbitaceae）西瓜属（*Citrullus*）一年生蔓性草本植物。别名水瓜、寒瓜。

我国是世界上最大的西瓜产地，西瓜的原生地在非洲，它原是葫芦科的野生植物，后经人工培植成为食用西瓜。最初由地中海沿岸传至北欧，而后南下进入中东、印度等地，4—5 世纪时，由西域传入我国，所以称之为“西瓜”（图 10-1）。

图 10-1　西瓜雕刻

随着人们生活水平的不断提高，人们对西瓜产品的需求也越来越高。总体市场需求趋势：优质化、小型化、多样化、向无公害方向发展。在精品西瓜的发展中，一些优势（优质、抗病）明显的品种逐步得到了发展，全国发展出一大批西瓜优势产区。栽培上形成了保护地栽培与露地栽培相结合，供应上形成了国内南北交互供应，同时，国内西瓜种植技术逐步向国外（缅甸、越南等）发展，形成 10 月后国内西瓜以进口缅甸、泰国、越南产西瓜为主的基本格局。西瓜栽培方式多种多样，长江地区以南高畦栽培为主，北方及中部地区以保护地和露地栽培为主。

（一）生物学特性

西瓜为主根系，主根深度在 1 m 以上，侧根可达 4 ~ 6 m，根群主要分布在 20 ~ 30 厘米的根层内，根纤细易断，再生力弱，不耐移植（图 10–2、图 10–3、图 10–4）。

西瓜喜高温、干燥气候，不耐寒。生长适宜温度在 25 ~ 30 ℃，6 ~ 10 ℃ 时易受寒害。西瓜为长日照植物，在长日照（10 ~ 12 个小时）条件下生育良好，喜强光。适宜干热气候，耐旱力强，空气湿度以 50% ~ 60% 为宜，适宜使用排水良好、土层深厚的沙质壤土。土壤 pH 值以 5 ~ 7 为宜。

图 10–2　西瓜的花

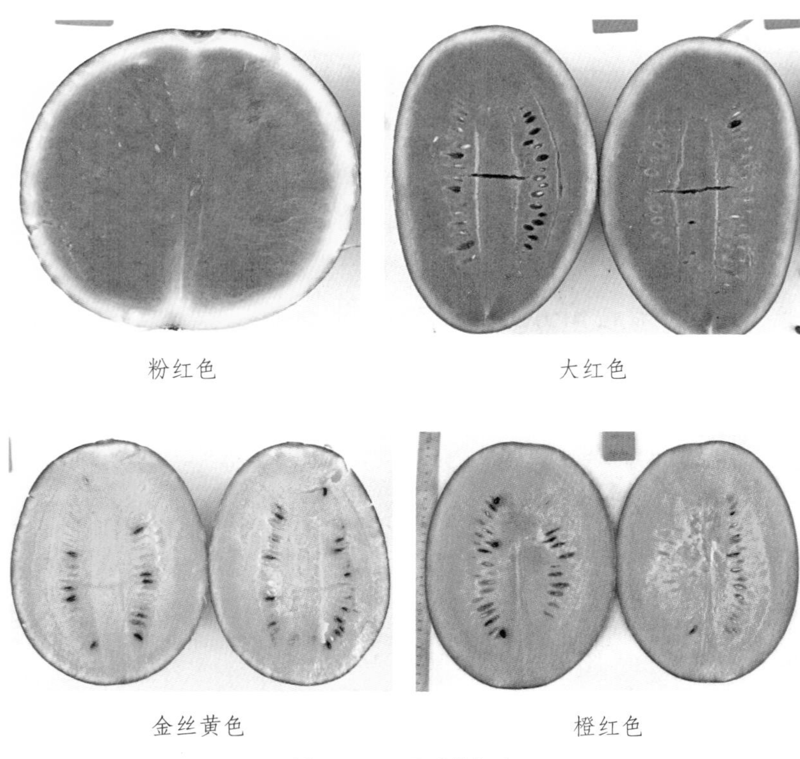

粉红色　　大红色

金丝黄色　　橙红色

图 10-3　西瓜的瓤色

细锯齿条纹

墨绿皮

核桃纹

灰绿皮粗条纹

黄皮

虎皮

图 10-4　各种皮色类型的西瓜

（二）类型与品种

西瓜在生产上的栽培品种很多，类型也十分丰富，按主要园艺性状可分为小果型、中果型和大果型，按有无种子又可分为有籽和无籽两种类型。在发展农业蔬菜精品类蔬菜生产中，主要以种植小果型和中果型西瓜为主。

1. 大中果型

（1）早佳（8424）　新疆农业科学院，中国工程院院士吴明珠选育。早熟西瓜一代杂交种（图 10-5），果实发育期为 28 ~ 30 天。植株长势中等，抗病性较强，果实圆形，果面绿底，

图 10-5　早佳（8424）

并覆有绿色条纹，瓤色桃红，多汁，口感好，中心糖含量 14% 左右，商品性好，平均单果重 5 千克，最大可达 8 千克以上，适宜全国各地大棚覆盖或小拱棚覆盖栽培。

（2）京欣 1 号　北京市农林科学院蔬菜研究中心选育。早熟品种，全生育期 90 ～ 95 天，果实发育期 28 ～ 30 天。果实圆形，果皮绿色，上有薄薄的白色蜡粉，有明显绿色条带 15 ～ 17 条，果肉桃红色，平均单瓜重 5 ～ 6 千克，中心糖含量 11% 左右；适用于温室、大中小棚、露地地膜覆盖栽培。

（3）甜王　纯品甜王分为光籽型和花籽型。光籽型坐瓜后 28 天成熟，是早熟类型，大红瓤，果实花皮短椭圆形，口感脆甜；花籽型为中熟品种，果实发育期 30 天左右，花皮短椭圆形。甜王西瓜品质好，皮薄耐裂耐运输，适合全国大多数地区栽培。

（4）美都　宁波微萌种业有限公司 2017 年登记的西瓜新品种（图 10-6），果实发育期约 38 天，果实花皮圆形，单果重

图 10-6　美都

6 ~ 9 千克，果肉桃红色，果皮较韧，耐运输，适合保护地早熟栽培，口感极佳。

2. 小型西瓜

（1）特小凤　极早熟小型西瓜品种，高圆形至长球形（图 10–7），单瓜重量 1.5 ~ 2.0 千克，果皮花皮，肉黄色，肉质细嫩脆爽，纤维含量少，中心可溶性固形物含量 12% 左右。果皮脆而薄，易裂瓜。

（2）小兰　台湾农友种苗公司选育。早熟品种，全生育期 78 天，果实为特小型（图 10–7），中心糖含量 16% 左右，小型黄肉西瓜，极早熟，结果能力强，丰产，果实圆球形至微长球形，果重常在 1.5 ~ 2.0 千克，皮色淡绿，瓤肉黄色晶亮，种小而少，抗病性强。适宜多种土壤。

特小凤　　小兰

图 10–7　特小凤和小兰

（3）早春红玉（日本）　日本米可多公司选育。极早熟小型西瓜，开花后约 25 天成熟，果实椭圆形，单果重 2 千克左右，果皮厚约 0.3 厘米，瓤色鲜红，中心糖含量 13% 以上，耐低温性好，易坐果。适合早春温室栽培。

（4）黑美人　台湾农友种苗公司选育。早熟。生长势强。果实发育期 28 天。单瓜重 2.0 ~ 2.5 千克。果实椭圆形，外观美，果皮黑绿色有不明显的黑色条纹，皮厚 0.3 ~ 0.4 厘米，有韧性，耐贮运。肉色深红，汁多肉细，中心糖含量 12% ~ 14%，梯度小。适应性广，耐低温弱光。适宜春季和秋季大棚栽培。

3. 无籽西瓜

（1）苏蜜无籽 2 号　江苏省农业科学院蔬菜研究所育成，属早熟红瓤小果型无籽西瓜。春季保护地栽培从坐果到采收需 30 ~ 33 天，全生育期 110 天左右。果实圆形，果皮浅绿色覆深绿色齿状条纹，皮厚约 0.5 厘米，单果重约 2.5 千克。中心糖含量 11.8%，边缘糖含量 8.2%。果肉红色，抗逆性较强。适宜江苏省作春季保护地栽培。

（2）雪峰蜜红无籽　湖南省瓜类研究所选育。中熟偏早。长势中等，抗病耐湿。全生育期 92 天左右。果肉金黄色，肉质细嫩，口感好，中心糖含量 12% ~ 13%。果实高球形，外表美观漂亮，果皮具有漂亮虎皮纹。适应全国各地栽培。

（3）皖蜜无籽 2 号　安徽省农业科学院园艺所培育的大果型无籽西瓜新品种。植株生长势强，抗病性强。全生育期 105 天左右，果实发育期约 36 天。瓜高圆形，瓜皮墨绿色，外形美观，皮厚约 1.15 厘米，耐储运，瓤大红色，瓤质硬脆，汁多味甜，中心糖含量 12.5% 左右。单瓜重 6 ~ 8 千克。适宜安徽、江苏、湖南等地种植。

（4）墨童　先正达农业有限公司选育。植株生长势旺，分枝力强。第一雌花节位 6 节，雌花间隔节位 6 节。果实圆形，黑皮有规则浅棱沟，有腊粉，果肉鲜红，纤维少，汁多味甜，质细爽口。中心糖含量 11.5% ~ 12.0%，边缘梯度小，无籽性好。皮厚 0.8 厘米，平均单果重 2.0 ~ 2.5 千克。果实生育期 25 ~ 30 天。

（三）栽培技术

西瓜的栽培可分为普通栽培、地膜覆盖栽培和保护地栽培（图 10-8）。依据各地不同的生态环境，又形成了一些具有地方特色的西瓜生产方式，如西北干旱地区（甘肃、宁夏）的压沙西

压沙栽培　高畦栽培

拱棚栽培　大棚栽培

温室立体栽培　地膜覆盖栽培

图 10-8　西瓜不同栽培方式

瓜，江苏地区的保护地全覆盖栽培等方式。目前作为精品西瓜生产的栽培方式主要为保护地栽培生产，保护地西瓜生产又可分为大棚（温室）全程覆盖栽培、半覆盖栽培等方式。西瓜大多为早熟品种，在生产上为保证商品瓜的质量，提高经济效益，以塑料大棚保护地栽培为主，其次是地膜加小棚覆盖栽培，其他形式的保护地栽培面积较小。

1. 播种与育苗

西瓜苗期对温湿度、光照等环境要求较高。因此在早春低温时育苗都以大棚内电热温床营养钵育苗和穴盘育苗（图 10-9）为主，夏秋季育苗则采用大棚避雨遮阳降温育苗。西瓜育苗用营养钵以直径 10 厘米的塑料钵和 50 孔穴盘为宜，目前各地多采用基质工厂化育苗。

图 10-9　西瓜春季保护地轻基质穴盘育苗

（1）春季保护地育苗技术　参见黄瓜育苗技术。

（2）嫁接育苗技术　西瓜嫁接育苗能有效防治枯萎病，提高植株的抗逆性和增加产量，目前在西瓜保护地栽培中和老瓜区已开始广泛应用。

砧木应选择抗枯萎病，与西瓜亲和性强，适应性好，对西瓜品质无影响的砧木品种，现在生产上应用的主要砧木品种有长瓠瓜、圆瓠瓜、葫芦、壮士、奥林匹克、强根、新土佐南瓜、早生新土佐南瓜等。

嫁接及管理方法参照黄瓜的嫁接及管理方法。

（3）无籽西瓜育苗技术 无籽西瓜与普通西瓜的育苗技术相比较：一是无籽西瓜种皮较厚，需嗑开后催芽播种；二是催芽后出苗率仍只有70%左右，需较高温度才能提高出苗率；三是子叶顶土能力较弱，播后盖籽土不宜超过1厘米厚；四是苗期生长缓慢，日历苗龄要适当延长。

浸种催芽时，将种子置于55～60℃热水中浸泡15～20分钟，不停搅拌至30℃时浸泡3～4个小时，捞出后经清水充分搓洗干净，然后用牙齿嗑开或用钢丝钳轻轻夹开种子尖端部分，再将嗑（夹）开的种子用湿毛巾包好置于33～35℃的恒温箱中催芽。待芽长出2毫米时即可播种。

将已发芽的种子播于浇足底水的营养钵内，每穴1粒，覆盖0.5～1.0厘米厚的营养土，并稍浇清水压实后，在营养钵表层平铺地膜和覆盖小棚。

苗期管理时，为提高出苗率，播种至出苗前，电热温床温度控制在32℃左右。出苗后揭去地膜，温度降低至白天保持在28℃，夜间保持在18℃，以防徒长。第1片真叶长出后，温度提高至白天保持在30℃左右，夜间保持在20℃，促进幼苗生长。由于无籽西瓜盖籽土太浅，容易出现“戴帽”和“翻根”现象，因而出苗后要及时人工剥除种壳，覆细土保护根系。

无籽西瓜苗期肥水管理技术与普通西瓜苗期肥水管理技术

相同。

（4）适宜苗龄　西瓜以大苗定植为宜。适宜的生理苗龄：三叶一心至四叶一心，株高 10 ～ 15 厘米，开展度 10 ～ 15 厘米，茎粗 0.4 ～ 0.5 厘米，子叶完好，真叶平展，叶色绿，根系发达，无病虫害伤口。春季育苗时日历苗龄为 40 天左右，夏季和秋季育苗时日历苗龄为 20 ～ 25 天。

2. 定植

西瓜不宜连作，必须选择 5 年及以上未种过西瓜及其他瓜类，最好为水旱轮作的田块，且地势较高、灌排方便、土质疏松和肥沃、通气性好、远离污染源。

春季栽培田块在冬季深翻 1 ～ 2 次冻垡。夏季和秋季栽培田块深翻晒垡 30 天左右。基肥每亩施 1 500 千克优质腐熟有机肥加 30 千克硫酸钾型三元复合肥。地爬栽培时宜在定植行上开沟条施，高密度上架栽培时在畦面普施。基肥必须与土壤充分混合倒匀。早春大棚栽培，提前 15 ～ 20 天扣膜，升高棚内温度。地膜加小棚覆盖栽培，提前 5 ～ 7 天在定植行畦面覆盖地膜，升高地温。地爬栽培，一般畦宽 2.5 米，畦高 20 厘米，并将定植行做成宽 50 ～ 60 厘米的半圆小高畦。上架栽培一般适用于小型西瓜栽培，净畦宽 50 厘米，畦高 25 ～ 30 厘米。在 6 米宽标准大棚内一般作畦 6 条。大棚栽培时宜采用软膜滴管铺设于地膜下，具保温、降湿、防病虫害的作用，且成本低，操作简单。

早春保护地栽培西瓜，应在地温达 15 ℃以上时选择晴天定植，夏季和秋季栽培宜选择多云天气定植。定植密度：地爬栽培，宽畦单行定植，株距 30 ～ 35 厘米，每亩栽 550 ～ 650 株。

上架（立式）栽培，小高畦单行定植，株距50厘米，每亩栽1 200 ~ 1 300株（图10-10）。西瓜根系纤弱，损伤易木栓化，再生能力差，定植时要避免营养钵松散，损伤根系。定植深度以营养钵表层低于畦面1 ~ 2厘米，覆盖细土后子叶以高出畦面0.5 ~ 1.0厘米为宜。嫁接苗定植，切口须高出畦面3 ~ 5厘米。定植后用50%多菌灵600倍液浇足定根水。春季保护地栽培，要及时覆盖小棚增温保湿。夏秋季节栽培，覆盖遮阳网，四周通风降温。

图10-10　小型西瓜上架（立式）栽培

3. 田间管理

（1）春季大棚早熟栽培　春季大棚早熟栽培西瓜，定植后5 ~ 7天密闭小棚，增温保湿促缓苗，白天温度控制在30 ~ 32 ℃，夜间温度控制在15 ~ 18 ℃。夜间温度太低，小棚要加盖草帘、遮阳网等保温物。缓苗结束后逐步通风降温，白天保持25 ~ 28 ℃，夜间不低于15 ℃。

西瓜大棚早熟栽培的肥水管理，以“二促一控”为原则：即缓苗结束后轻施提苗肥促发棵，用20% 腐熟粪水或10 千克磷酸二铵兑水浇施。在7 ~ 8 片真叶期施出藤肥促壮蔓，每亩用10 ~ 15 千克硫酸钾型三元复合肥兑水浇施。以后直至开花坐果期必须控制肥水用量，防止营养生长太旺。西瓜坐果后，当果实长至5 厘米大小时重施膨果肥，每亩用25 ~ 30 千克硫酸钾型三元复合肥兑水浇施或离根部25 ~ 30 厘米处深施后浇水。为促进糖分转化积累，提高商品瓜质量，在采收前10 天左右，每亩用10 千克硫酸钾兑水浇施。在果实膨大期要保持田间土壤湿润，每隔3 ~ 5 天浇水1 次，加速果实膨大，在成熟采收前7 ~ 10 天停止浇水，以保证汁多味甜，肉质细爽。

当西瓜伸蔓至30 厘米时，进行整枝理蔓，地爬栽培，采用一主二侧蔓整枝法。其余侧枝及早摘除，减少养分消耗，在蔓长50 ~ 60 厘米时压蔓，促使产生不定根，增加肥水吸收能力。以后每隔4 ~ 5 节压蔓1 次，同时将主侧蔓均匀理顺，尽量减少叶片重叠遮光。高密度上架栽培（立式栽培），以主蔓结瓜为主，生长前期为保证有效的叶面积可以保留1 ~ 2 个侧蔓，但随着主蔓上架，生长势逐步旺盛，其功能逐渐失去，在主蔓长至1.0 ~ 1.2 米时，为增加棚内通风透光量，可以直接保留一主蔓，其他侧蔓及早摘除（图10–11）。坐果后，在坐果节位后保留8 片左右真叶摘心打顶，同时要清除中下部病残叶、老叶，但主蔓有效叶片数需保持在25 片左右。

图 10-11　大棚西瓜理蔓

人工授粉与疏果时，一般西瓜的第 1 雌花节位都予以摘除。从第 2 ～ 3 雌花开始授粉留果。当瓜果有 3 ～ 5 厘米大小时，根据坐果节位、果形整齐度进行疏果，使每一茎蔓保留一果，坐果节位以 15 ～ 20 节为宜。

图 10-12　西瓜兜网

搭架高密度上架栽培，当果实长至直径 10 厘米大小时，用塑料绳结成网兜将西瓜吊兜住，以免西瓜掉落（图 10-12）。

（2）再生二茬西瓜栽培　再生二茬西瓜是在早熟栽培西瓜采收结束后，剪蔓再生栽培，一般大棚早熟地爬栽培时应用再生二茬栽培技术较为适宜。

西瓜采收结束后，首先去除病株、枯株，对保留的强健植株在主蔓和侧蔓基部保留 10 ~ 20 厘米老蔓，7 ~ 10 天后基部叶腋间即可抽出新蔓。在西瓜剪蔓后，每株可用 250 克消毒鸡粪加 20 克硫酸钾型三元复合肥于根部 25 ~ 30 厘米处分 3 处深施后浇水，使新蔓迅速抽生，生长强健。为增加叶片厚度，提高抗逆性，必须每 10 天左右用 0.3% 磷酸二氢钾溶液或其他高效叶面肥进行叶面喷施。再生西瓜新蔓长出后，每株保留 2 ~ 3 条强势侧蔓，其余新蔓要及早去除。当蔓长至 30 厘米时进行整枝，去除所有侧蔓。人工授粉与疏果再生西瓜仍以第 2 ~ 3 雌花坐果较好。

再生西瓜生长期间高温、雷阵雨天气较多，要保持棚内通风良好。同时在通风口四周设置防虫网，减少虫害入侵。

（3）春季大棚早熟栽培无籽西瓜 无籽西瓜定植前的准备和定植时间与普通西瓜基本相同。宽畦单行定植，株距 40 ~ 50 厘米，每亩栽 500 ~ 550 株。无籽西瓜自身花粉不育、互相授粉不能坐果，在栽培中必须配制一定比例的普通二倍体西瓜，提供授粉产生无籽西瓜，并进行人工辅助授粉。

大棚早熟栽培无籽西瓜，前期生长较慢，定植后至开花坐果前，必须保持较高的温度才能促进植株正常生长，白天温度控制在 30 ~ 32 ℃，夜间温度控制在 20 ℃左右。坐果后以适温管理为主。肥水管理采用“二促一控”的技术措施。整枝压蔓与普通西瓜相同，可采用一主一侧蔓或一主二侧蔓整枝方式。

（4）夏秋大棚栽培 夏秋大棚栽培西瓜，分别于 6 月初和 8 月上旬定植。与春季早熟栽培不同之处是温度管理以通风、降温为主，尤其在秋季栽培时必须覆盖遮阳网降温，促缓苗发棵，棚内温度保持在 30 ℃左右。缓苗后，根据气候条件掌握遮阳网覆盖时间，当外界气温降至 28 ~ 30 ℃时，可不再覆盖遮阳网，进入常温管理。其他栽培技术与春季早熟栽培基本相同。

（5）春季小棚早熟栽培　小棚早熟栽培定植后 5 ~ 7 天必须密闭小棚增温促缓苗。缓苗期结束，根据天气逐步通风降温，白天保持棚温在 25 ~ 30 ℃，夜晚保持棚温在 15 ℃左右，当外界夜温达 15 ℃左右时拆除小棚，进入常温管理阶段。当西瓜伸蔓 50 厘米左右时，进行整枝压蔓。采用一主二侧蔓整枝法。

其他肥水管理同大棚栽培。

（四）病虫害防治

1. 病虫害防治基本原则

参见黄瓜病虫害防治基本原则。

西瓜连作障碍发生严重，施肥时应采用以腐熟有机肥为主，平衡土壤氮、磷、钾含量，增施芽孢枯草杆菌等生物菌肥，培养土壤根际有益菌群数量，育苗时采用抗逆性强的嫁接苗等措施。

2. 西瓜主要病害与防治

（1）西瓜细菌性果斑病　又称细菌斑点病、西瓜水浸病、果实腐斑病等。

发病原因主要为种子带菌，西瓜幼苗期在高湿条件下会发病，用发病幼苗嫁接也会使嫁接苗发病。嫁接和管理过程中，管理不当也会使该病传播蔓延。接触性传染是西瓜细菌性果斑病近距离传播的主要途径。

防治时，应该选用地势高、排水、通风良好的无病地块作为育苗场地。品种选用正规单位生产的优质西瓜种子。严格种子消毒，采用春雷霉素、新植霉素，带药播种。春雷霉素或加瑞农浸种清洗后，催芽播种。嫁接苗嫁接过程及嫁接苗床处理时要无菌操作。

田间药剂防治时，适时采用新植霉素、春雷霉素、中生霉素等药剂提前进行预防，在发病初期喷药防治。

（2）西瓜主要病害 有苗期猝倒病、立枯病、沤根，成株期有枯萎病、蔓枯病、疫病、炭疽病、白粉病、叶枯病、病毒病等，防治方法可参见其他瓜类病害防治。

（3）西瓜生理性病害与防治 ①“紫瓤”果。在大棚等保护地栽培中经常发生。发病植株生长势正常，果实外观无异，剖开后瓜肉呈紫红色，浸润状，果肉绵软，同时能闻到一股异味，丧失食用价值。发病原因主要是在西瓜转色期浇水后，遇高温高湿引起，机理为高温高湿促使果肉内产生过量乙烯，引起呼吸异常，加快了成熟进程，致使肉质劣变。

防治方法：高温季节果实应避免阳光暴晒，加强通风降温、降湿，棚温控制在30℃左右。合理施肥，注意氮、磷、钾合理平衡施肥，在中后期增施磷、钾肥，促进植株生长稳健。

② 畸形果。西瓜畸形果是由于生理性原因而产生，其形状各异，有扁形、尖嘴形、葫芦形、偏头畸形等。发生畸形果的主要原因：低节位果实在低温干燥条件下；果实发育期营养和水分不足，果实膨大不充分；肥水不足和坐果节位较高时；授粉不均匀，导致果实发育不平衡。

防治方法：控制坐果节位在 10 ~ 20 节。加强田间肥水管理，防止植株徒长。加强植株调整，及时整枝理蔓。

③ 空洞果。分横断空洞果和纵断空洞果（图 10-13）。横断空洞果从中心部沿着子房的心室裂开，发生在果实膨大初期，果实表面纵向凹陷，能从外观上判断。纵断空洞果在西瓜种子着生部位出现空洞。横断空洞果大多为低节位果实和低温时所结的果实，因种子数量少，心室容积不能充分增大，遇到低温干旱时，养分输送不足，种子不能充分膨大，遇到高温持续时间长加快了成熟，也促进了果皮发育，形成空洞果。纵断空洞果是在果实膨大后期形成的，在种子四周已成熟，而靠近果皮附近的一部分组织仍在发育，造成果实发育不均匀。

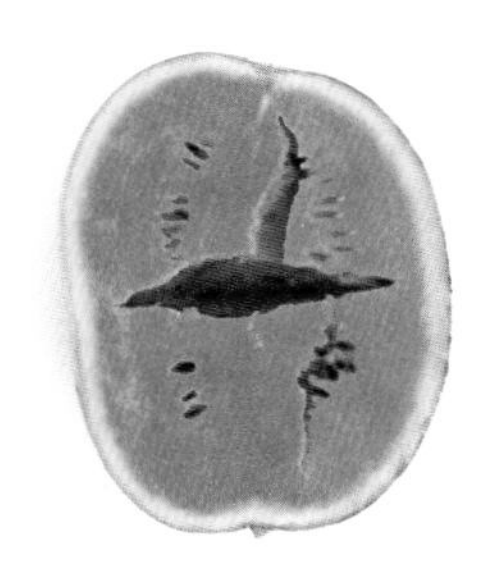

横断空洞果

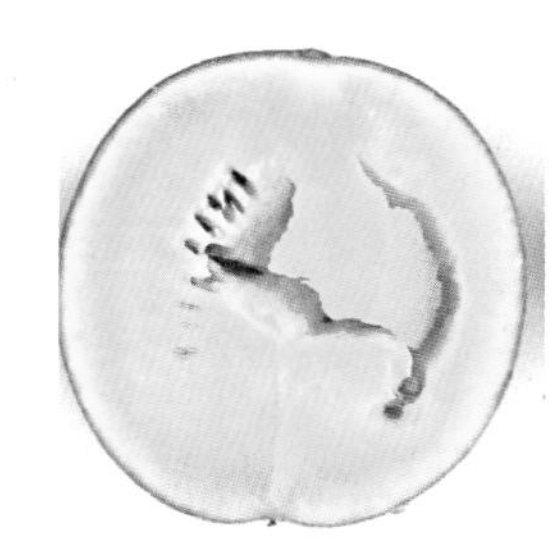

横断、纵断空洞果

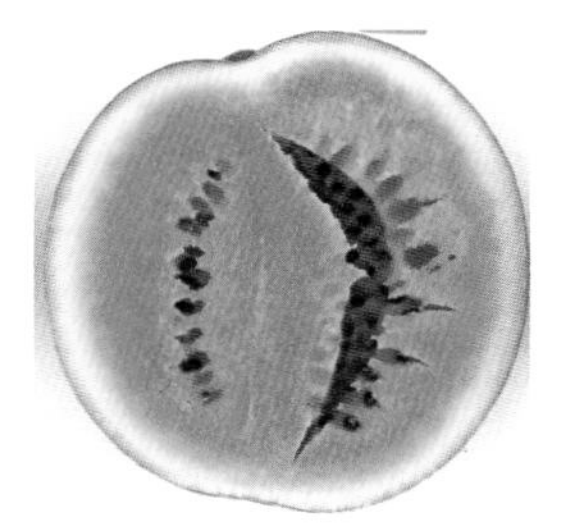

纵断空洞果

图 10-13　西瓜空洞果

防治方法：防止低温期坐果和膨大。防止徒长和疯秧发生，保证同化养分正常输送至果实，保证果实的正常发育。加强肥水管理和植株调整。

④ 日烧果。西瓜果实在阳光暴晒下，果面温度升高，造成灼伤坏死，形成干疤，发病原因：植株营养生长势弱，叶面积较

小，果实暴露在外；与品种有关。

防治方法：加强肥水管理，促进植株长势旺盛。果面覆盖稻草遮阳。

⑤ 黄带果（粗筋果）。西瓜果实的中心或着生种子的胎座部分，从顶部的脐部至底部果梗处出现白色或黄色带状纤维，并发展为粗筋。发病原因：主要是土壤中缺钙，高温、干旱、缺硼等不利因素影响钙的吸收。

防治方法：合理施用氮肥，防止植株徒长。深翻晒垡，施足优质有机肥。保持田间土壤湿度适宜，促进植株吸收硼、钙等元素。保护功能叶促进同化作用。

⑥ 裂果。在西瓜果实膨大至成熟采收期经常出现，分田间静止状态下裂果和采收时震动裂果，发生原因一是与品种有关，皮薄、质脆的品种容易裂果；二是与土壤水分突变有关，在浇水后和遇大雨土壤水分急增，空气湿度大时，果实迅速膨大而造成裂果。

防治方法：防止土壤水分突然变化，果实膨大期浇水量一次不宜太多。防止植株生长太旺。增施钾肥，提高果皮韧性。于傍晚时采收。

⑦ 粗蔓病（疯秧）。瓜蔓生长过旺，茎蔓顶端增粗且长满茸毛。主要是施用氮肥过多、土壤水分充足、通风透光不足、整枝不及时造成的。

防治方法：根据不同生育期适时适量施肥，不偏施氮肥，注意氮、磷、钾含量的配合。及时提高通风透光量，对有徒长趋势的植株摘除生长点，控制其生长。

3. 西瓜主要虫害与防治

西瓜虫害主要有蚜虫（图 10–14）、红蜘蛛、美洲斑潜叶蝇、白粉虱等。

防治方法：可参见黄瓜虫害防治技术。

图 10-14　西瓜蚜虫危害

（五）采收与包装

西瓜果实成熟度鉴定方法：第一根据品种性状计算坐果天数。第二看果实外观，成熟西瓜果实充分发育，外观呈现品种特有的光泽与色彩，表皮上的蜡粉脱落，脐部和蒂部向内收缩凹陷，瓜柄上茸毛大部脱落，果柄与蔓蒂连接处，呈现黄褐色放射状维管束凸起痕迹，且向果柄基部凹陷，坐果节位前一节卷须干枯。第三听果实声音，用手指弹击果实听声音，发出“嘭、嘭”低哑浑浊声音者为熟瓜，声音闷哑或嗡嗡声多表明已熟过，发出“噔、噔”清脆声则为生瓜。第四凭手感，一手托瓜，另一手轻轻拍瓜，若托瓜手感到微有颤动者为熟瓜。西瓜宜在上午或傍晚前后采收，采收时在保留 6 ～ 8 厘米果柄后用剪刀剪下，轻拿轻放，防止碰伤或破裂。

西瓜采收后，应选择果形周正美观、新鲜洁净、具本品种特征、无病虫害、无腐烂、无外伤的果实，符合国家相关农产品规定卫生指标。用泡沫保护网包装后装入各种规格的礼品包装箱或 10 千克的西瓜专用硬质纸包装箱，并标注品种、质量、重量、生产日期和产地，上市供应（图 10–15）。最适宜贮藏温度为 16 ℃左右，相对湿度 60% ～ 80%。贮藏期间要经常检查有无烂果，并及时处理。

西瓜包装箱

泡沫网包装

中型西瓜泡沫网包装

小西瓜泡沫网包装

图 10–15　西瓜包装上市

十一、厚皮甜瓜

甜瓜（*Cucumis melo* L.）属葫芦科（Cucurbitaceae）黄瓜属（*Cucumis*）甜瓜种，一年蔓生草本植物，原产于非洲热带沙漠地区，北魏时期随西瓜一同传入中国，明朝开始广泛种植。

厚皮甜瓜（图 11-1）在我国新疆、甘肃等大陆性气候地区栽培历史悠久。近 20 年来，随着国内外新品种的引进选育和设施栽培技术的不断提高，甜瓜栽培区域已遍及全国。

厚皮甜瓜外形美观，气味芬芳，汁多味甜，可溶性固形物含量（含糖量）在 12% ~ 16%，最高可达 20%，居各种瓜果之首，同时含有大量人体需要的维生素、纤维素和矿物质等，是深受人们喜爱的高档瓜果。厚皮甜瓜以鲜食为主，也可以调制成各种不同的饮料和果脯、果干等。

图 11-1　厚皮甜瓜

（一）生物学特性

厚皮甜瓜为葫芦科甜瓜属一年生蔓生草本植物。根系发达，主根深 1 米以上，侧根分布半径达 1.5 ~ 2.0 米，主要分布在 30 厘米左右的表土层中，根系强健，耐旱，但易木栓化，伤根后再生能力弱。

厚皮甜瓜喜温耐热，生长发育适温为 25 ~ 32 ℃，昼夜温差在 10 ℃以上才能生产出优质的厚皮甜瓜，低于 14 ℃时生长发育受到抑制。厚皮甜瓜喜光不耐阴，在晴天、光照充足的条件下，茎叶生长健壮，病害少，雌花多，果实品质好（图 11–2）。反之，生长纤弱，坐果率低，易徒长染病，品质下降。耐旱不耐湿，在较低的空气湿度（50% 左右）条件下，果实含糖量高，品质好，香味浓。但因茎叶生长旺盛，根系浅，需水量大，又必须保持适宜的土壤湿度才能满足其正常生长发育的需要。对土壤适应性广，以土壤深厚、疏松、肥沃、排水良好的土壤为宜，忌连作，轮作年限越长越好。

图 11–2　厚皮甜瓜的花

（二）类型与品种

厚皮甜瓜包括网纹甜瓜（*Cucumis melo* var. *reliculatus* Naud.）、光皮甜瓜（*Cucumis melo* var. *inodorus* Naud.）、哈密瓜

（*Cucumis melo* var. *sacharinus* Naud.）等，其形态、颜色等多样（图 11-3、图 11-4）。除新疆等地以栽培哈密瓜为主外，全国其他地区都以栽培光皮甜瓜和网纹甜瓜为主。

图 11-3　不同肉色的厚皮甜瓜

长椭圆白皮

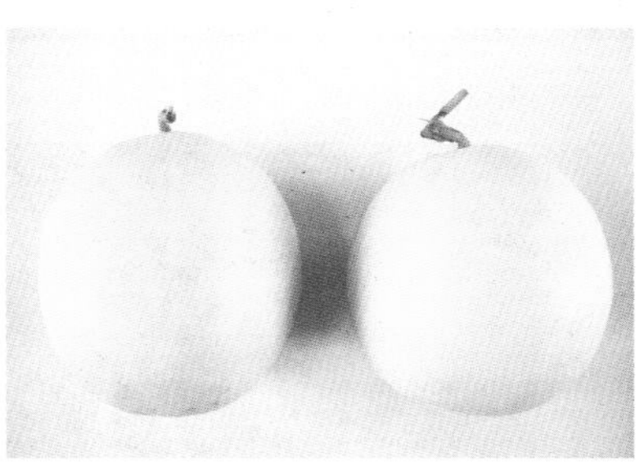

圆形白皮

圆形黄皮　　短椭圆黄皮

深绿皮网纹　　浅绿皮网纹

长椭圆黄皮绿斑

长椭圆黄皮绿条带

圆形深绿皮宽条带

长椭圆灰白底细条带

图 11-4　不同类型的厚皮甜瓜

目前在生产上应用的品种主要有：

（1）伊丽莎白　北京蔬菜研究中心从日本引进。早熟。植株生长势中等。叶色淡绿。开花坐果率较高。果实圆形或扁圆形，果皮黄，较光滑，果肉白色，肉厚 2 厘米左右，含糖量 15% ～ 17%。气味芳香，品质好。单瓜重 0.5 ～ 1.0 千克。耐贮藏运输，适宜春、秋保护地栽培。

（2）西博洛托　上海市种子公司从日本引进。早熟。开花至果实成熟需 35 ～ 40 天。叶片小。生长势旺。坐果率高。果实圆形，果肉白色，有透明感，含糖量 15% ～ 17%，口味佳，耐贮藏。单瓜重 1 千克左右。适宜春、秋保护地栽培。

（3）玉姑　台湾农友公司选育。中果型优良品种，成熟期 35 ～ 40 天，果实高圆形（图 11-5）。白皮光皮或有稀网纹，果肉绿色，肉厚腔小，肉质软，汁多味甜，皮质韧，耐贮运。

图 11-5　玉姑

（4）西州蜜 25 号　新疆维吾尔自治区葡萄瓜果开发研究中心选育。中熟品种，全生育期 95 ～ 125 天，果实发育期 53 ～ 58 天。果实椭圆形（图 11-6），果形指数约为 1.22，平均单果重 2.0 千克，浅麻绿、绿道，网纹细密全，果肉橘红，肉质细、松脆，风味好，肉厚 3.1 ～ 4.8 厘米，含糖量 15.6% ～ 18.0%。

图 11-6　西州蜜 25 号

（5）雪里红　新疆哈密瓜研究中心育成。中熟。果实发育期 42 天左右。果实椭圆形，果皮乳白色，布有稀疏网纹。果肉淡橙红色，肉质脆、爽口、口感好，含糖量 15% 左右，风味极佳。单瓜重 2.5 千克左右。适宜春季保护地栽培。

（6）海蜜 9 号　江苏海门农业科学研究所选育，植株生长势强，抗逆性和抗病性均较强，一致性好，易坐果。果实发育期 45 天左右，短椭圆形（图 11-7），果皮底色为墨绿色，覆粗密

图 11-7　海蜜 9 号

网纹；单瓜重 1.78 千克。果肉黄绿色，肉厚 4.5 厘米，中心糖含量 15.9%，边糖含量 8.9%；肉质脆，口感较好，耐贮运性强。

（7）镇甜二号　江苏丘陵地区镇江农业科学研究所选育，植株生长势强。早熟，果实发育期 28 天，果实圆形，果皮白色（图 11-8），单瓜重 1.2 千克，果肉白色，肉厚 4.1 厘米，中心糖含量 16% ~ 19%，边糖含量 9.1%，肉质酥脆。抗病、抗逆性强。

图 11-8　镇甜二号

（8）苏甜 4 号　江苏省农业科学院选育，植株生长势较强，易坐果，果实发育期 39 天。果实椭圆形，果皮白色（图 11-9），稀网纹，单瓜重 1.7 千克，果肉浅橙色，肉厚 4.0 厘米，中心糖含量 15.0% 左右，边糖含量约 9.0%，肉质脆，风味浓，口感好。耐逆性较强，抗病性中等。

图 11-9　苏甜 4 号

（三）栽培技术

厚皮甜瓜除在西北适宜区域以露地栽培为主外，其他地区都为避开雨季和高温季节，在春、秋两季进行保护地栽培。近年来主要栽培方式有大棚（温室）早熟栽培、地膜（高垄或平畦）覆盖栽培、西北压沙栽培、甜瓜大棚（温室）地膜全覆盖技术等，另外部分地区发展了草莓套种甜瓜、大棚幼龄桃树套种甜瓜栽培技术等（图 11–10）。

1. 播种与育苗

华北和长江流域地区春季早熟栽培，播种期均在 1 月中下旬至 2 月上中旬。不同地区播种期因气候条件和栽培方式不同有 10 ~ 15 天的差异。秋季栽培为 7 月下旬至 8 月上旬。

厚皮甜瓜早春育苗，须在大棚内采用电热温床育苗，参照黄瓜育苗技术。

2. 定植

栽培厚皮甜瓜，必须选择土壤深厚、疏松、肥沃、3 ~ 5 年内未种过其他瓜类的田块，且地势较高，四周通风，排灌方便，无污染源。

春季栽培，宜在冬季深翻 30 厘米进行冻垡；秋季栽培，提前 1 个月深翻晒垡。也可在作物出茬后对棚内土壤深翻后灌水并密闭大棚，使棚内温度升至 60 ℃以上进行高温消毒 15 天，于定植前 10 ~ 15 天再翻晒。

厚皮甜瓜根系分布广，吸肥力强，土壤必须含有丰富的有机质才能提高产量和品质。因此必须提前 15 天每亩施优质腐熟有机肥 2 000 ~ 3 000 千克。同时在定植前每亩施入硫酸钾型三元复合肥 60 千克，满足厚皮甜瓜在不同生育期对养分的需求，以减少全生育期的追肥数量与次数。甜瓜忌氯，无论是基肥还是追肥，都不能使用含氯肥料。

厚皮甜瓜大棚保护地栽培，根据不同栽培方式和品种类型确定作畦规格，网纹甜瓜多以立体栽培为主。畦高 25 ~ 30 厘米，畦宽 80 厘米，单行定植，在 6 米宽标准大棚内作畦 5 ~ 6 条。

大棚地爬栽培　大棚立式栽培

大棚草莓套种甜瓜立体栽培　大棚幼龄桃树套种甜瓜栽培

温室立体栽培　露地栽培

露地压沙抗旱栽培　大棚全覆盖栽培

图 11-10　厚皮甜瓜不同类型栽培方式

光皮类型厚皮甜瓜立体栽培与网纹甜瓜相同；也可以地爬栽培，一般6米宽标准大棚内作畦2条，净畦高20厘米，畦宽2.0 ~ 2.5米，单行定植，并将定植行做成高15 ~ 20厘米、宽50厘米的半圆形小高畦。

春季栽培，必须在棚内土温达15 ℃时才能定植，以免地温太低，影响成活率或形成僵苗。定植时无论立体栽培还是地爬栽培，都以单行定植，株距均为40厘米左右，每亩立体栽培1 200 ~ 1 300株，每亩地爬栽培650株。定植必须选择晴天进行。移植时要尽量减少营养钵松散，损伤根系，以免影响新根发生，且宜浅不宜深，以子叶高出畦面1厘米左右为宜，并用50%多菌灵600倍液浇足定根水（图11–11）。春季定植后要及时覆盖小棚。秋季栽培，覆盖遮阳网，注意四周通风降温。

穴盘育苗出苗情况　　一叶一心幼苗

图11–11　厚皮甜瓜轻基质穴盘育苗

3. 田间管理

（1）春季大棚（温室）早熟栽培　春季大棚或温室早熟栽培是甜瓜春季栽培的主要方式（图11–12），厚皮甜瓜定植后

3 ~ 5 天密闭小棚，增温保湿促缓苗，白天控制温度在 33 ℃左右，夜间控制温度不低于 20 ℃。为防止夜温太低，对小棚要加盖草帘等保温物。第 4 天以后，可对小棚进行适当通风，随着新叶长出，缓苗期结束，逐步加大小棚的通风量，直至日揭晚盖，使棚内白天温度保持在 30 ~ 32 ℃，夜间达到 18 ~ 20 ℃。虽然厚皮甜瓜需要较高的温度，但对温度管理不宜偏高或偏低，否则容易引起生长过快，影响雌花的质量和坐果率。长江中下游地区早春低温、阴雨天较多，一旦植株徒长，就极易出现坐果节位偏高和雌花质量下降的情况，引起黄化现象，甚至造成空株。在成熟前，温度太高、棚内通风透光较差，容易出现发酵果，失去食用价值。为了有利植株的正常生长和果实膨大，棚内必须保持较大的昼夜温差。晴天时对大棚四周通风口应昼夜开启，使温差幅度达到 10 ~ 15 ℃。

厚皮甜瓜肥水管理以“二促二控”为原则，即定植后至出藤期以促为主。出藤后至开花坐果期以控为主，保证植株稳健生长。坐果后加强肥水管理，促进果实膨大。在网纹甜瓜网纹形成

温室立体栽培

大棚地爬式栽培

图 11-12　厚皮甜瓜栽培

期和光皮类型厚皮甜瓜成熟前 15 ～ 20 天控制肥水，降低棚内空气湿度，以保持在 60% 左右，有利网纹的形成和提高果实的含糖量。

在定植时浇足定根水，待缓苗结束可用 20% 腐熟粪水浇一次提苗肥，以后直至开花坐果期可以不再追施肥水，以控制肥水稳长为主。

当果实坐住后长至 3 ～ 5 厘米大小时，每亩用 20 千克硫酸钾型三元复合肥兑水滴施，以利果实迅速膨大。

坐果后 20 天左右，网纹甜瓜已开始出现纵裂网纹，必须停止水分管理，避免水分过多而引起裂果和网纹粗细不匀。

厚皮甜瓜以侧蔓结果为主。主蔓 12 ～ 20 节之间是最佳坐果节位。因此上架栽培时对主蔓 12 节以下的侧蔓必须全部摘除，以后保留 3 ～ 5 条侧蔓。在植株高度达到 1.8 米左右，叶片数达 25 ～ 28 片时，应摘除主蔓生长点，减少养分消耗，以提高坐果率，促进果实膨大。

地爬栽培，在缓苗结束后于 5 ～ 6 片真叶期要及时摘除生长点，促进侧蔓生长。在侧蔓长至 10 厘米左右时，保留 3 ～ 4 条强势侧蔓（图 11–13）。坐果后每一蔓保留一果，长势旺盛，可间隔 8 ～ 10 节再留一果。但网纹甜瓜

图 11–13　厚皮甜瓜大棚地爬式栽培理蔓

因开花到成熟需 45 ～ 55 天，则以一蔓留一果为宜。

厚皮甜瓜以虫媒花为主。在早春大棚栽培时，温度低、棚内昆虫活动少，必须采取人工辅授粉（图 11–14）。但由于有效雌花开放时间仅为 7 ～ 10 天，时间紧、工作量大，因而在大棚内放置蜜蜂是一种既经济又安全的技术：一般在每标准大棚内放置一箱蜜蜂即可达到预期效果，放置时间为 7 ～ 10 天。这时仅需对每天所开雌花的侧蔓摘除生长点和多余叶片，使每一坐果侧蔓保留 2 片叶即可，同时粘贴好开花日期标签，以便成熟后适时采收。

图 11–14　厚皮甜瓜温室立体栽培人工辅授粉

对每株预留的坐果侧蔓都已坐果后，进行第 1 次疏果，保留 2 只柄粗有力、瓜毛挺直的幼果。当果实直径达 3 ～ 5 厘米时，进行第 2 次疏果（图 11–15），选择果形整齐、生长快的幼果，

地爬式栽培适宜疏果期

立体栽培适宜疏果期

图 11–15　厚皮甜瓜疏果及留果

一蔓一果。

光皮类型厚皮甜瓜开花坐果后 35 ~ 40 天成熟，网纹甜瓜 45 ~ 55 天成熟。果实直径达 10 厘米时，用尼龙网袋吊兜住果实或用专用吊钩吊住柄部，吊至瓜柄呈水平状。

地爬栽培，开花坐果后 20 天左右，应在原位将果实翻动 2 ~ 3 次，使果实各部位都能得到充分光照，保证果实着色均匀，外观漂亮（图 11–16）。

图 11–16　厚皮甜瓜地爬栽培采收前表现

春季大棚早熟栽培厚皮甜瓜，根据每年不同的气候条件，开花坐果期一般在 4 月中下旬到 5 月上旬，成熟采收期在 6 月上中旬，一般网纹甜瓜最迟也在 6 月下旬采收结束。

（2）大棚地膜全覆盖甜瓜早熟栽培　在江苏、山东、安徽等地区，采用大棚 + 二棚 + 小拱棚 + 地膜的栽培方式，可在 1—2 月进行甜瓜定植，4—5 月上市供应。

整地施肥时，每亩按 20 千克三元复合肥加 2 500 ~ 4 500 千克腐熟羊粪作为基肥，撒施、翻耕、扒平。可采用起垄或者不起垄两种栽培，以及地面全部覆盖的方式。

铺滴灌时，在距离定植行 10 ~ 15 厘米铺设滴灌，株距 35 ~ 40 厘米，行距 2 米，每亩栽 600 ~ 800 株。

覆盖地膜时，在大棚内所有地面及垄面全部覆盖银灰黑色双色地膜或者透明地膜，覆盖时双色地膜的黑色朝下，银灰色朝上，四周压紧；再在垄间地膜表面覆盖一层干稻草秸秆，密闭大棚或温室，保持 28 ~ 32 天。

甜瓜育苗及田间管理时，12 月甜瓜温床穴盘育苗，瓜苗具 2 ~ 3 叶 1 心时，于 1 月底至 2 月初，直接定植于大棚垄上或地面，定植后覆盖小拱棚，待 3 月下旬，揭去小拱棚，进入大棚早熟栽培甜瓜正常管理，4 月下旬至 5 月初开始采收，6 月下旬结束栽培。全覆盖栽培田间管理基本与地爬栽培相同（图 11–17、图 11–18）。

图 11–17　厚皮甜瓜大棚全覆盖栽培

图 11–18　厚皮甜瓜大棚全覆盖栽培挂果及植株表现

（3）秋季大棚延后栽培　秋季大棚延后栽培厚皮甜瓜，除生育前期温度较高和虫害较多外，总的来说，在全生育期内温度、光照条件要明显好于春季，且空气湿度较低，十分利于厚皮甜瓜的正常生长，但秋季虫害发生严重，要做好物理性防虫措施。

厚皮甜瓜秋季定植后至出藤期以遮阳降温为主。当外界温度高达 30 ℃以上时，定植后必须覆盖遮阳网降温，同时大棚四周通风口全部揭至1米以上，保持棚内通风条件良好。为防止害虫入侵，在通风口必须设置1米宽的防虫网。缓苗期结束后，随着外界温度降低可逐步缩短覆盖时间。一般在上午9时至下午4时之前覆盖，尽量使棚内温度降低，当外界温度降至30℃以下时，可揭除遮阳网，进行常温管理。进入开花坐果期后，温度已降至适温范围。在果实膨大期结束后，外界温度开始明显下降，此时必须以保温为主，大棚四周通风口需根据当时气候条件在中午前后棚内温度适宜时开启，夜间全部关闭。

厚皮甜瓜秋季大棚延后栽培时的肥水管理、整枝技术与春季栽培基本相同，但为了保证厚皮甜瓜的正常成熟采收，在长江中下游地区开花坐果期必须控制在9月中旬前后，在10月下旬至11月上旬能基本结束采收。一般秋季开花至成熟可比春季缩短5～7天。

（四）病虫害防治

1. 厚皮甜瓜病虫害防治基本原则

参见黄瓜病虫害防治基本原则。

2. 厚皮甜瓜主要病害与防治

（1）细菌性叶斑病　甜瓜主要病害之一。在整个生育期都能发生，该病主要危害叶片和蔓。发病初期，叶片病部出现水渍状斑点，扩大后受叶脉限制，呈多角形或不规则的褐色大斑，连片后造成叶片焦枯，有时在叶面、叶背或茎蔓部患处有乳白色菌液流出。危害果实时，初为水渍状斑点，后呈凹陷褐斑，并向瓜内发展（图11-19）。

防治方法：选用抗病品种，严格种子消毒，实行轮作，清洁田园，及时清除田间病残体，深翻晒垡，施足有机肥。发病初期用77%可杀得可湿性粉剂、47%加瑞农可湿性粉剂、2%春雷霉素、50% DT可湿性粉剂等药剂交替防治。

图 11-19　甜瓜细菌性果斑病

（2）蔓枯病　厚皮甜瓜栽培中危害最普遍的病害之一。属真菌性病害。病菌由茎蔓节间、叶缘的水孔和伤口侵入（图 11-20）。在高温高湿、通风不良、密度大时发病重。

图 11-20　厚皮甜瓜蔓枯病

该病主要危害厚皮甜瓜的根茎基部，主蔓和侧蔓、主蔓和侧蔓分枝处叶柄，也危害叶片和果实。在茎蔓上病斑初呈油浸状，灰绿色，略凹陷，椭圆形、菱形或条斑形蔓延。病部会分泌出黄褐色、橘红色至黑红色胶状物，后期病部干枯，表面散生黑色小粒点。病斑绕蔓扩展一周后，病部逐渐缢缩凹陷，病部上部叶片萎蔫，直至全株枯死。叶片染病在叶缘形成“V”形褐色病斑，有不明显的同心轮纹。果实染病初呈水渍状病斑，中央褐色，后期引起甜瓜腐烂。蔓枯病病情发展缓慢，病菌以侵害表层为主，维管束不变色。

防治方法：采用嫁接苗，轮作，清洁田园，降低田间空气湿度，增施有机肥，生长后期增施磷、钾肥。整枝在晴天时进行。发病初期用70%甲基托布津、64%杀毒矾、70%代森锰锌可湿性粉剂等药剂交替防治。也可在茎蔓病部用70%甲基托布津和64%杀毒矾各50%混合调成糊状涂抹。

图 11-21　厚皮甜瓜枯萎病

（3）其他病害　厚皮甜瓜病害有苗期猝倒病、立枯病、沤根、叶枯病、枯萎病（图 11-21）、病毒病、炭疽病、白粉病（图 11-22）和成株期霜霉病（图 11-23）

图 11-22　厚皮甜瓜白粉病

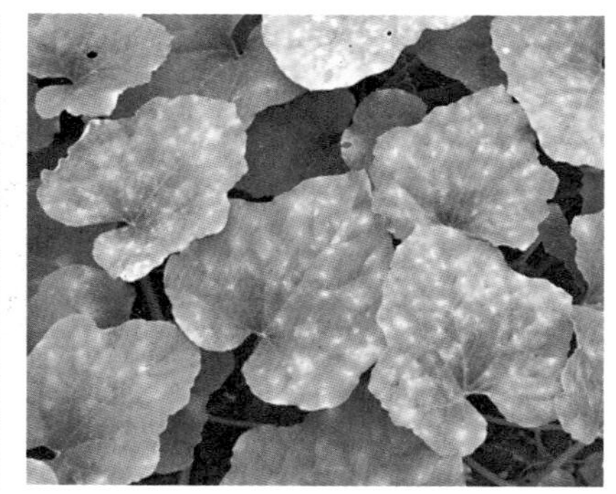

图 11-23　厚皮甜瓜霜霉病

等。防治方法可参见其他瓜类病害防治。

3. 厚皮甜瓜主要虫害与防治

厚皮甜瓜虫害主要有红蜘蛛、蚜虫、白粉虱、美洲斑潜叶蝇等。防治方法参见黄瓜虫害防治。

（五）采收与包装

光皮类型厚皮甜瓜成熟时能发出特有的香味，果形、果皮具有该品种的特性。网纹甜瓜则以网纹细密均匀、含糖量达到 15% 以上时即可根据开花日期进行采收。也可看结果部位叶片，若出现黄色斑点，呈缺镁症状时，表明瓜已成熟即可采收（图 11-24）。采收应在上午温度较低时进行，留果柄 1 厘米剪下或剪成“T”形。采收时要轻拿轻放，以免机械损伤。

采收后根据不同品种进行分级包装。厚皮甜瓜作为高档果品，每只瓜必须保持外形美观整洁、无泥、无病虫斑和机械损伤，并加贴标签，用泡沫网包好后装入各种规格的礼品盒。果与

图 11-24　适宜采收的厚皮甜瓜

果之间用纸壳隔离，以免碰撞出现损伤。同时在包装盒上注明品种、质量、重量、生产日期和产地（图 11-25）。一般光皮类型厚皮甜瓜果实肉质较硬，较耐贮运；网纹甜瓜肉质较软，且多汁，不易贮运。网纹甜瓜宜在采收后 3 ～ 5 天鲜食，品质最佳。

图 11-25　超市及水果店上架销售的厚皮甜瓜

十二、薄皮甜瓜

薄皮甜瓜*Cucumis melo* L.（图12–1）属葫芦科（Cucurbitaceae）黄瓜属（*Cucumis*）甜瓜种，一年蔓生草本植物，是甜瓜的一个亚种，别名香瓜、梨瓜及东方甜瓜。

我国栽培和食用薄皮甜瓜的历史已有4 000多年，《诗经》中有“七月食瓜，八月断壶”“中田有庐，疆场有瓜，是剥是菹，献之黄祖”等有关薄皮甜瓜的记载。

图12–1　薄皮甜瓜

生食薄皮甜瓜的果肉，止渴清燥，可消除口臭，但瓜蒂有毒，生食过量，即会中毒。吃甜瓜可以让人保持良好状态和精力充沛。此外，它还可以清除胆固醇和有机体里的废物。

（一）生物学特性

薄皮甜瓜茎蔓细，叶色深绿，叶面不平，有泡状突起。花腋生，雌雄同株异花或雌雄两性同株（图 12–2）。果实小，有椭圆球形、梨形、圆筒形等形状。果皮光滑，果柄短，常有花冠残存，成熟的果皮有白色、绿色、黄色（图 12–3）。果肉有白色、绿色、绿黄色等，具香气。果肉厚在 2.5 厘米以下。

薄皮甜瓜对环境条件的要求基本与厚皮甜瓜相同。

图 12–2　薄皮甜瓜的花

花皮

绿皮和白皮

黄皮

图 12-3　薄皮甜瓜的皮色

（二）类型与品种

（1）博洋 9 号　天津德瑞特种业有限公司申请的薄皮甜瓜品种。白绿色花皮，中大果型，开花后 32 ~ 35 天成熟，单瓜重 0.5 ~ 0.8 千克，果实长 18 ~ 20 厘米，果肉黄绿色，口感酥脆，肉厚，种腔小，含糖量 12% ~ 14%，风味极佳（图 12-4）。

图 12-4　博洋 9 号

（2）豫甜脆宝　河南豫艺种业科技发展有限公司选育。极早熟杂交薄皮甜瓜新品种，植株长势稳健，叶片大小中等，全生育期 95 天左右，果实发育期 25 天左右。果实为大梨形，绿皮绿肉，果肉厚、翠绿晶亮，酥脆清香可口，品质优。含糖量 14%。单果质量 400 ~ 600 克。

（3）日本甜宝 中早熟品种，果实发育期 30 ~ 32 天，全生育期 80 ~ 85 天。坐果性好，果实圆球形，果皮淡绿色，充分成熟后略变黄色，单果重 400 ~ 500 克，含糖量 15%，果肉淡绿色，脆甜可口，果实整齐度好，优质果产量高，生长势强，耐高温、高湿，抗病性和适应性强，容易栽培。

（4）黄金瓜、十棱黄金瓜 由优良地方品种经多代提纯复壮系选而成的薄皮甜瓜新品种。早熟，全生育期 70 ~ 75 天。耐湿性强，抗白粉病，高产优质。孙蔓结果。果实短椭圆形，皮色金黄色，有 10 条银白色棱沟，脐小而平。单瓜重 0.4 千克左右。果肉雪白，厚 1.5 ~ 1.8 厘米。质脆味香，品质上佳，含糖量 12% 左右。果实发育 25 ~ 30 天。露地及小棚覆盖均可。

（三）栽培技术

我国地区的薄皮甜瓜栽培可分为露地栽培和保护地栽培，薄皮甜瓜保护地栽培已经由原来的小棚栽培逐步向大棚、温室方向发展（图 12–5、图 12–6），同时西南地区仍有很多地区采用露地栽培。我国各地栽培的时间由东到西大致为：上海 2 月上旬，郑州 2 月中旬，兰州 3 月上旬。露地栽培最适宜春播夏收，华南地区大部分为 2—3 月播种，5—6 月采收；长江及黄淮海地区，多为 3—4 月播种，7 月采收；东北、西北地区，5 月播种，8—9 月采收。

图 12-5　薄皮甜瓜温室立式栽培

图 12-6　薄皮甜瓜大棚地爬式栽培

1. 育苗

参照厚皮甜瓜育苗技术（图 12-7）。

图 12-7　薄皮甜瓜穴盘育苗

2. 定植

土壤宜选用土层疏松、通透性良好的沙质或轻质壤土地种植。种植多施有机肥和磷肥，每亩施腐熟有机肥 3 000 千克、磷酸二胺 15 千克。基肥一次施足，距植株 30 厘米处开沟，每亩施硫酸钾复合肥 50 ~ 100 千克，或每亩施三元生物有机肥 50 ~ 100 千克，中后期叶面喷施磷酸二氢钾补充调节，平衡营养生长和生殖生长，提高坐果率。栽培密度一般小果形每亩在 3 000 株，中果形每亩在 1 200 株。

3. 田间管理

当幼苗具 5 ~ 8 片叶时摘心，采用双蔓或多蔓整枝。须少浇水，抓住关键时期（如膨瓜期），同时要追施速效复合肥，以保证甜瓜充足的营养成分，遇旱及时浇水。

薄皮甜瓜病虫害及其他管理事项与厚皮甜瓜病虫害及管理相近。

（四）病虫害防治

病虫害防治基本原则及防治方法见厚皮甜瓜的病虫害防治基本原则及防治方法。

（五）采收与包装

一般薄皮甜瓜早熟品种果实发育成熟期 22 ~ 25 天，中晚熟品种果实发育成熟期 35 ~ 40 天。由于气候条件的差异，不同品种的成熟期可能与介绍出现误差，可根据品种特性，如果实变色、蒂部变软、有香味等并结合标记日期等方法鉴别成熟进行采收。

小规模栽培甜瓜一般就近销售，可在清晨采摘九成熟瓜，采收时留瓜柄 2 ~ 3 厘米长或剪成“T”形。采摘必须轻采轻放，并用纸或软棉布擦拭干净瓜面的水滴及污物。图 12-8 为包装运输及货架待售的薄皮甜瓜。

透气网袋包装运输

泡沫网包装销售

图 12-8　薄皮甜瓜包装运输及销售

参考文献

[1] 方秀娟.黄瓜无公害高效栽培[M].北京：金盾出版社，2003.

[2] 方智远.蔬菜学[M].南京：江苏科学技术出版社，2004：10.

[3] 刘宜生.西葫芦、南瓜无公害高效栽培[M].北京：金盾出版社，2003.

[4] 吕佩珂，刘文珍.中国蔬菜病虫原色图谱续集[M].呼和浩特：远方出版社，2000.

[5] 马炜梁.植物学[M].北京：高等教育出版社，2009：7.

[6] 马跃.中国西瓜甜瓜产业节庆与产业经济发展的互动.纪念全国西瓜甜瓜科研与生产协作50周年暨第12次全国西瓜甜瓜学术研讨会论文摘要集[C].开封：2009:232.

[7] 马志虎，荆国芳，王建林.镇江蔬菜[M].南京：江苏科学技术出版社，2012:9.

[8] 马志虎，潘跃平，孙春青，等.保护地西瓜连作免耕栽培方法[P].201310289299.2.2013.

[9] 马志虎，潘跃平，孙春青，等.甜瓜地膜全覆盖栽培方法[P].201310296294.2.2013.

[10] 马志虎，潘跃平，孙春青，等.甜瓜连作免耕栽培方法[P].201310289326.6.2013.

[11] 马志虎，潘跃平，孙春青，等.西瓜地膜全覆盖栽培方法[P].201310296037.9.2013.

[12] 沈镝.苦瓜、丝瓜无公害高效栽培[M].北京：金盾出版

社，2003.

［13］宋曙辉.14种名特瓜类蔬菜栽培技术[M].北京：中国农业出版社，2002.

［14］孙国胜，孙春青，潘跃平，等.中国南方厚皮甜瓜栽培研究进展及育种展望[J].中国瓜菜，2014，（27）增刊:17-20.

［15］王坚.中国西瓜甜瓜[M].北京：中国农业出版社，2001:7.

［16］徐坤，范国强.绿色食品蔬菜生产技术全编[M].北京：中国农业出版社，2002.

［17］羊杏平.西瓜、甜瓜优质高效栽培新技术[M].南京：江苏科学技术出版社，1995.

［18］虞轶俊.蔬菜病虫害无公害防治技术[M].北京：中国农业出版社，2003.

［19］虞轶俊.西瓜、甜瓜无公害生产技术[M].北京：中国农业出版社，2003.

［20］朱德蔚，王德槟，李锡香. 中国作物及其野生近缘植物[M].北京：中国农业出版社，2008:7.